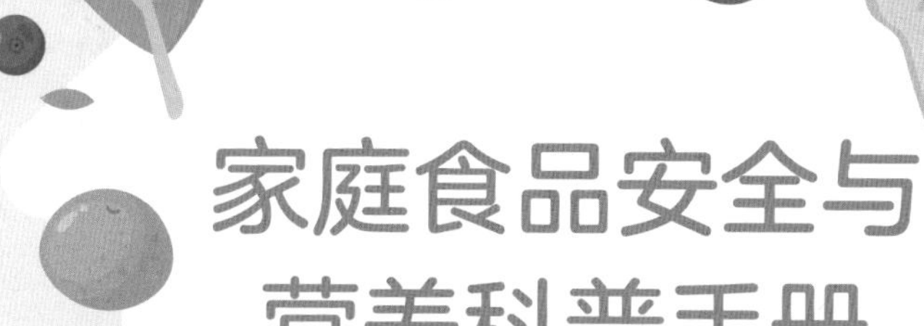

家庭食品安全与营养科普手册

主　编　刘晓峰　赵　耀　马晓晨

副主编　李春雨　贾海先

中国健康传媒集团
中国医药科技出版社

内 容 提 要

本书介绍了与人们日常生活关系密切的食品安全和饮食营养的相关知识，内容包括食品安全标准的解读、各种食源性疾病的预防、生活中食品安全误区的警惕、一日三餐的营养搭配。书中语言通俗易懂，内容丰富，是大众了解食品安全与营养健康的重要读本。

图书在版编目（CIP）数据

家庭食品安全与营养科普手册 / 刘晓峰，赵耀，马晓晨主编 . — 北京：中国医药科技出版社，2022.12

ISBN 978-7-5214-3142-1

Ⅰ . ①家… Ⅱ . ①刘… ②赵… ③马… Ⅲ . ①食品安全－手册 ②食品营养－手册 Ⅳ . ① TS201.6-62 ② R151.3-62

中国版本图书馆 CIP 数据核字（2022）第 060066 号

美术编辑 陈君杞

版式设计 也 在

出版 **中国健康传媒集团** | 中国医药科技出版社

地址 北京市海淀区文慧园北路甲 22 号

邮编 100082

电话 发行：010-62227427 邮购：010-62236938

网址 www.cmstp.com

规格 710×1000mm 1/16

印张 14 1/4

字数 174 千字

版次 2022 年 12 月第 1 版

印次 2022 年 12 月第 1 次印刷

印刷 三河市万龙印装有限公司

经销 全国各地新华书店

书号 ISBN 978-7-5214-3142-1

定价 59.00 元

获取新书信息、投稿、为图书纠错，请扫码联系我们。

编委会

主　编　刘晓峰　赵　耀　马晓晨

副主编　李春雨　贾海先

编　者（按姓氏汉语拼音排序）

崔　霞　郭丹丹　何海蓉　黄梨煜　贾海先

姜金茹　李　兵　李春雨　刘　平　刘　伟

刘晓峰　刘玉竹　柳　静　马晓晨　马　蕊

牛彦麟　沙怡梅　屠瑞莹　王　超　王丽丽

王同瑜　王子怡　王　正　吴阳博　肖香兰

于　博　余晓辉　喻颖杰　张鹏航　张晓媛

张　炎　赵　榕　赵　耀

前 言

食品安全与营养健康，事关每一个人的“菜篮”“餐盘”和“肚腩”，是新时代人民对美好生活追求的具体体现。党中央、国务院始终把人民群众的食品安全和营养健康问题摆在十分重要的位置。

目前，我国家庭食品安全事件时有发生，居民的膳食相关慢性病患病率持续升高，居民的食品安全素养和营养素养仍有待加强。为提高我国居民的食品安全和营养健康知识水平，北京市疾病预防控制中心组织编写了《家庭食品安全与营养科普手册》，从食品安全（食品安全标准、身边的食品安全隐患、食品安全认识误区）和营养健康（家庭营养、健康生活方式、儿童营养、节日饮食营养、营养认识误区）两个方面进行知识普及，并通过“慧”吃“慧”选教会家庭成员理论结合实践，做到食品安全和营养健康双“达标”。

本书用通俗易懂的语言，向大家传达生活中必备的食品安全和营养健康知识技能，希望能成为大家日常生活中的“枕边书”“食育书”。

由于水平和时间有限，书中难免有欠妥或不足之处，诚恳希望广大读者提出宝贵意见。

编者

2022 年 12 月

目录

第一部分　食品安全

第一部分　食品安全

一、带你走进生活中的食品安全标准

保障舌尖安全的卫士——食品安全标准

民以食为天，食以安为先，食品安全标准与我们的生活息息相关，处处都有食品安全标准的身影。

就拿我们常吃的酸奶来说，从生产酸奶工厂的选址建设，到原料验收、生产加工、食品添加剂的使用、包装材料的选择、标签信息的标识，再到储运、销售等，每一个环节都有相应的食品安全标准来规范。在我们看得到和看不到的地方，都有“舌尖安全卫士”——食品安全标准的守护。

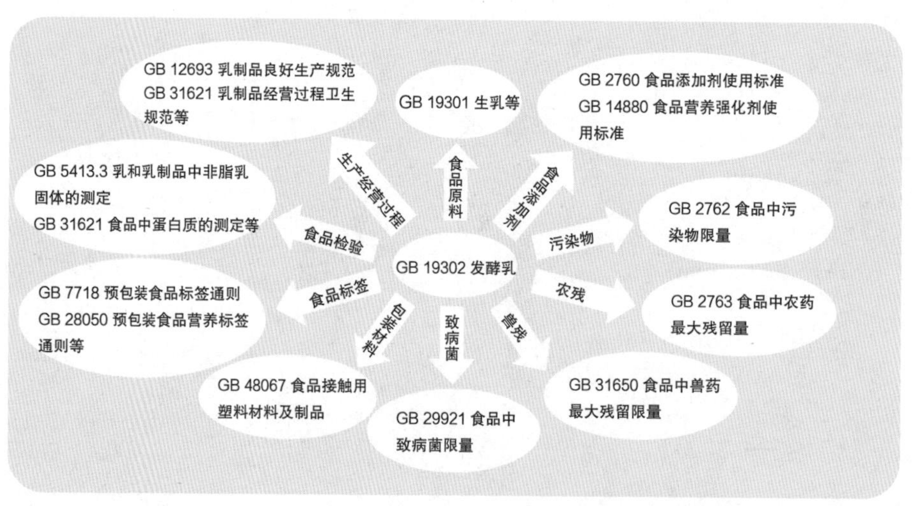

发酵乳生产到销售过程中涉及的食品安全标准

食品安全标准包括食品安全国家标准和地方标准，是食品生产经营者必须遵循的强制性标准，是保证食品安全、防止发生食源性疾病、保护消费者健康的安全线。

近年来，我国已经建立起了较为科学完善的食品安全国家标准体系，主要包括通用标准、产品标准、生产经营规范、检验方法与规程，同时补充制定修订一大批监管重点、产业发展亟需的污染物限量、婴幼儿配方食品、特殊医学用途配方食品等食品安全国家标准。截至2022年8月，共出台了1455项食品安全国家标准，涵盖1万余项参数指标，基本覆盖所有食品类别和主要危害因素。有这么多食品安全标准的保障，再也不用担心我们“舌尖上的安全”啦！

我国的食品安全国家标准体系

我国的食品安全标准真的比国外低吗？

日常生活中，有时会听到一些人吐槽或质疑我国的食品安全国家标准水平落后，比不上发达国家。不可否认，我国的食品安全标准工作起步较晚，前期在标准体系建设过程中存在一些问题，确实与发达国家产生了一定的差距。但食品安全国家标准的制定并非一蹴而就，一部食品安全国家标准的制定，远比我们想象的复杂与艰辛，它需要运用我国食品安全风险监测数据和科学的风险评估方法，结合我国人群中特定危害的暴露情况，同时参考国际标准和部分发达国家的标准，经过我国食品安全国家标准审评委员会审评等严格的科学程序，才制定出来的。事实上，我国在很多方面的食品标准并不比国外低，甚至比国外标准更高更严谨。

因为各国国情并不一样，不同国家的居民膳食结构也不同，还要考虑到食品危害物质特点和控制状况、工农业生产和地理区域影响、环境污染状况等因素，所以各国规定的危害物质种类、食品类别和限量规定等可能存在一定差异。比如在食品污染物标准制定方面，我们以大米为例来说明。大米是中国人的主食，经过科学的风险评估后发现，大米是中国居民膳食镉暴露的主要来源，控制大米镉含量几乎能控制中国居民二分之一的镉膳食暴露，因此中国给大米制定的限量指标为 0.2mg/kg，就比日本、越南等的 0.4 毫克 / 千克要严格许多。

不同国家、地区、国际组织大米中镉限量标准

国家、地区、国际组织	大米中镉限量
中国、欧盟、韩国	0.2 毫克 / 千克
国际食品法典委员会（CAC）、日本、越南、泰国、中国台湾	0.4 毫克 / 千克
澳大利亚 / 新西兰、俄罗斯、中国香港	0.1 毫克 / 千克

我国在婴幼儿奶粉等特殊膳食食品标准制定方面，也非常严格。目前我国已形成以婴幼儿配方食品、婴幼儿辅助食品、特殊医学用途配方食品和其他特殊膳食用食品为主体的特殊膳食食品标准体系。在婴幼儿奶粉铁含量要求上，美国只要求大于 0.15 毫克 /100 千卡即可，但我国要求铁含量必须在 0.42 毫克 ~1.51 毫克 /100 千卡之间。

不同组织、国家婴幼儿配方食品中铁元素的含量

组织 / 国家	婴幼儿配方食品中铁元素含量
CAC	大于等于 0.45 毫克 /100 千卡
美国	0.15~3.0 毫克 /100 千卡（0~12 月龄）
中国	婴儿 0.42~1.50 毫克 /100 千卡（乳基） 较大婴儿 1.0~2.0 毫克 /100 千卡（乳基） 幼儿 1.0~2.5 毫克 /100 千卡

可以看出，我国的标准既规定了上限，又规定了下限，分类精准清晰，从一定程度上来说更加严谨，对企业生产也更具有指导意义。并且，标准的生命力在于执行，一味地提高标准或放低标准都是不可取的。因此标准一定要适用、管用，符合中国的国情才行。简单地通过标准数量的多少和指标的高低来评判标准水平的高低都是片面的，适合本国食物消费量及健康保护水平的标准才是好的标准，最严谨的标准才是最好的

标准。

同时，标准也是在不断更新，现阶段的标准是适合当下的。未来，随着社会发展和居民膳食结构变化，标准也会紧跟节奏，做出适应性修订。所以，食品安全标准只有适合与否，没有高低之分。妄加评判中国食品安全标准不如国外，是非常武断的。

其实，食品安全标准不应仅仅是政府、专家、企业的事情，广大消费者也应该积极关注食品安全标准，主动学习食品安全标准，掌握食品标签、营养标签、产品标准等方面的知识，这样在选购食品时就能更加安心和得心应手啦！

读懂食品标签，明明白白消费

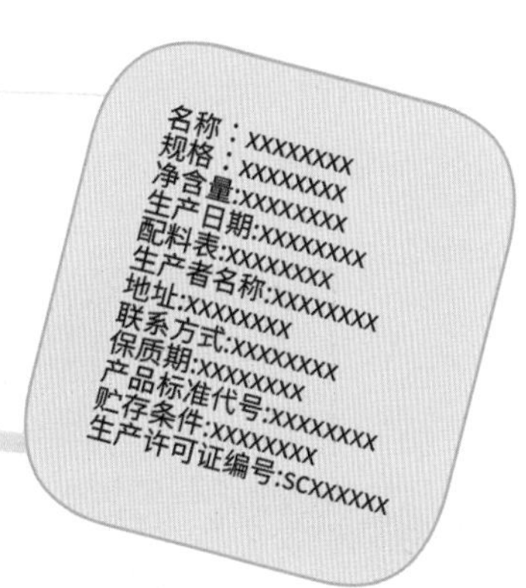

食品标签是指食品包装上的文字、图形、符号以及一切说明物，是依法保护消费者合法权益的重要途径。食品标签包括以下内容：名称、规格、净含量、生产日期；成分或者配料表；生产者的名称、地址、联系方式；保质期；产品标准代号；贮存条件；所使用的食品添加剂在国家标准中的通用名称；生产许可证编号；法律、法规或者食品安全标准规定必须标明的其他事项。专供婴幼儿和其他特定人群的主辅食品，其标签还应当标明主要营养成分及其含量。下面通过几个小问题帮助大家读懂食品标签，明明白白消费。

一、看食品名称分辨食品的真实属性

如果产品中没有添加某种食品配料，仅添加了相关风味的香精香料，不允许在标签上标示该种食品实物图案，也不应直接使用该配料的名称来命名。如使用橙味香精但不含橙汁的饮料，产品名称不应命名为橙汁，可命名为橙味饮料。

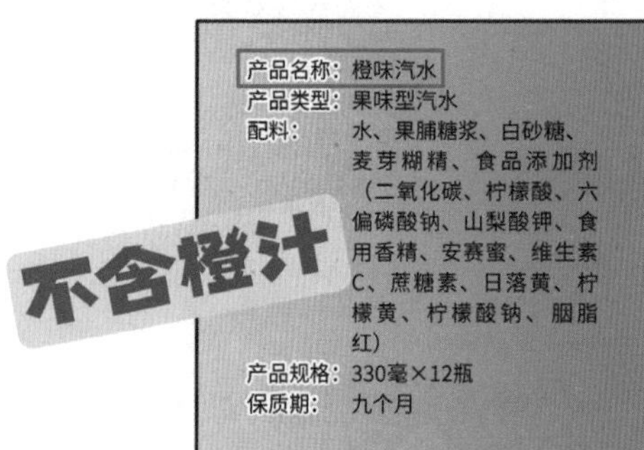

产品名称：鲜果橙水果汁
产品品牌：XXXX
产品配料：水、白砂糖、橙浓缩汁、食品添加剂等
产品重量：250ML
保质期：12个月
许可证：QS1216 0601 0032
产品标准：Q/14A0239S
贮存条件：常温贮存于阴凉干燥处，避免阳光直射

含橙汁

二、看配料表分辨食品类别

配料表中各配料的标示应真实、准确。按照食品配料加入的质量或重量计，按递减顺序一一排列。加入的质量百分数（m/m）不超过2%的配料可以不按递减顺序排列。

品名：风味发酵乳（燕麦+黄桃）
净含量：250克
产品种类：风味发酵乳
配料：生牛乳、燕麦黄桃混合果酱、白砂糖、浓缩牛奶蛋白粉、淀粉、果胶、食品用香精、嗜热链球菌、保加利亚乳杆菌、乳双歧杆菌、长双歧杆菌、嗜酸乳杆菌、乳酸乳球菌乳脂亚种、乳酸乳球菌乳酸亚种、植物乳杆菌、鼠李糖乳杆菌
保质期：21天
贮存方法：请于2-6℃冷藏存放

乳制品

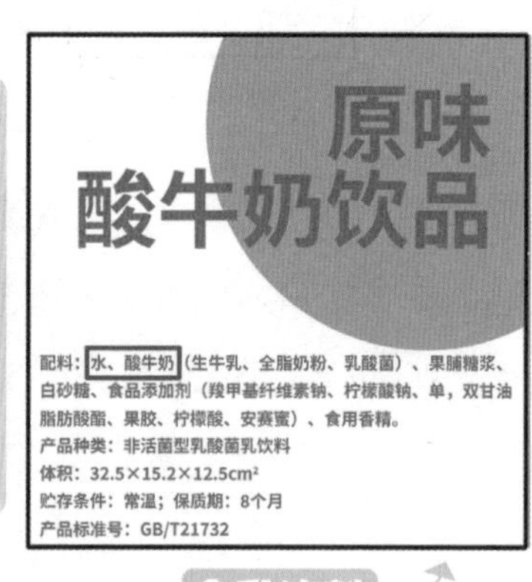

三、注意识别过敏物质

食品中的某些原料或成分，被特定人群食用后会诱发过敏反应，有过敏史的消费者可以根据食品标签的配料表来识别致敏物质，如：牛奶、鸡蛋粉、大豆磷脂等。也可以根据企业的标示“本生产设备还加工含有……的食品”等识别致敏物质信息，选择适合自己的食品。

四、生产日期（制造日期）的具体含义是什么？

食品成为最终产品的日期，也包括包装或灌装日期，即将食品装入（灌入）包装物或容器中，形成最终销售单元的日期。包含了生产、制造、包装等几个含义。

五、保质期是最后食用日期吗？

预包装食品在标签指明的贮存条件下，保持品质的期限，准确讲是最佳食用日期。在此期限内，产品完全适于销售，并保持标签中不必说明或已经说明的特有品质。

六、为什么有的食品标签标示的不完整？

考虑到食品本身的特性和在小标签上标示大量内容存在困难，GB 7718–2011 规定了两种标示内容豁免的情况，不强制要求标示，企业可以选择是否标示。

☆ 下列预包装食品可以免除标示保质期：酒精度大于等于 10% 的饮料酒；食醋；食用盐；固态食糖类；味精。

☆ 当预包装食品包装物或包装容器的最大表面面积小于 $10cm^2$ 时，

可以只标示产品名称、净含量、生产者（或经销商）的名称和地址。

七、还需注意查看贮存条件

食品标签中会写明贮存条件，应注意查看。

品名：活性乳酸菌 雪域青稞 + 白桃
规格：160g/ 杯
配料：生牛乳、青稞白桃果酱（添加含量≥ 12%）、白砂糖、羟丙基二淀粉磷酸酯、琼脂、S 菌：嗜热链球菌、L 菌：保加利亚乳杆菌、B 菌：乳双歧杆菌、A 菌：嗜酸乳杆菌、植物乳杆菌、鼠李糖杆菌
每 100 克含 SABL 活性乳酸菌 1×10^8CFU
产品种类：风味发酵乳
产品标准代号：GB 19302
保质期：21 天
贮存条件：请于 2-6℃冷藏存放，开启后请于冷藏条件下 2 日内饮用完毕

一案例一

陷阱一：牛奶？饮料？分不清

牛奶是我们在日常生活中很容易买“错”的一种食品。比如同样口味的香蕉牛奶，有的很贵，有的却很便宜。国产的同类的产品差距不应该很大呀？

如果我们仔细查看外包装，就能发现其中的玄机。首先，通过产品名称和食品类别，我们就能发现二者的不同。一个叫香蕉牛奶，食品的类别是灭菌调制乳，另一个叫香蕉牛奶饮品，是含乳饮料。用常理分析我们就知道，饮料肯定没有乳制品有营养。

产品种类：灭菌调制乳
配料：生牛乳 水 香蕉浆≥1.5% 稀奶油 蜂蜜等（详情请见配料表）

配料：水、生牛乳、白砂糖、炼乳、香蕉浆、微晶纤维素、羧甲基纤维素钠、蔗糖脂肪酸酯、卡拉胶、海藻酸钠、三聚磷酸钠、焦磷酸钠、食用盐、胭脂树橙、食用香精
产品种类：配制型含乳饮料
产品标准号：GB/T 21732

我们接下来看配料表，乳制品第一位是生牛乳，而饮料第一位是水。我们都知道排在配料表最前面的食材是这个产品的主要生产原料，决定着这个产品的属性和品质。牛奶显然比水更有营养价值。

灭菌调制乳

项目	每 100ml	营养素参考值 %
能量	334 千焦	4%
蛋白质	2.4 克	4%
脂肪	2.8 克	5%
碳水化合物	11.0 克	4%
钠	50 毫克	3%

配置型含乳饮料

项目	每 100g	NRV%
能量	247kg	3%
蛋白质	1.4g	2%
脂肪	1.9g	3%
碳水化合物	9.0g	3%

最后，再看营养成分表，含乳饮料由于添加了一定量的水，所以蛋白质和脂肪含量相比乳制品要低很多，这也难怪含乳饮料要更便宜。

陷阱二：“味”很重要

如今，香精香料极大地丰富了食品的味道与种类。薯片可以做出泡菜的味道，淀粉可以做出鲜虾的味道，没有草莓成分的草莓味饮料也很常见。但我们也要明白，味道只是食品的特征之一。我们吃食物，最终

目的是要摄入其中的营养物质。

所以面对五花八门的食品，比起用香精香料调出的食品风味，我们更应注重食品真实的配料有哪些。比如食品名字叫作“草莓味 ××”，说明食品中仅添加了草莓风味的香精香料。而叫“草莓 ××”的食品，则说明食品中添加了草莓果肉或果浆。

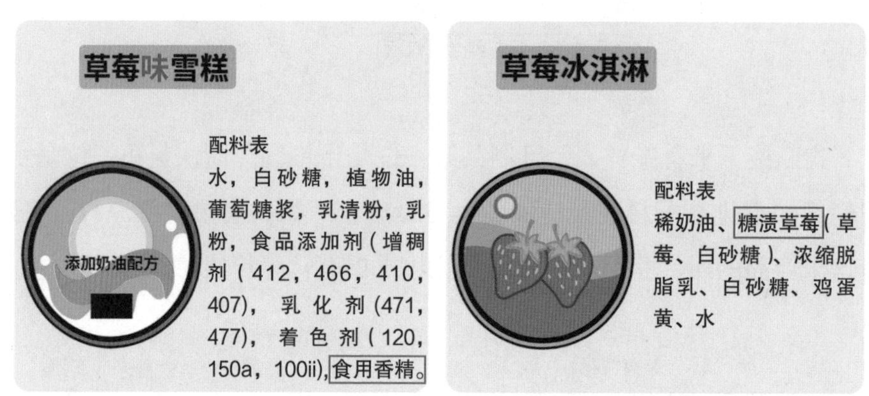

当然，最可靠的还是查看食品配料表，配料表中成分越靠前的配料，含量越高。

读懂营养标签，健健康康消费

营养成分表

项目	每100ml	NRV%
能量	270kJ	3%
蛋白质	3.0g	5%
脂肪	3.7g	6%
碳水化合物	4.8g	2%
钠	62mg	3%
钙	100mg	13%

营养标签是预包装食品标签的一部分，是预包装食品标签上向消费者提供食品营养信息和特性的说明，有利于宣传普及食品营养知识，帮助消费者认识食品，引导消费者合理选择预包装食品，促进公众膳食营养平衡和身体健康，保护消费者知情权、选择权和监督权，规范企业正确标示营养标签。营养标签主要包括表格形式的“营养成分表”以及在此基础上用来解释营养成分水平高低和健康作用的“营养声称”“营养成分功能声称”。下面通过几个知识点帮助大家读懂食品营养标签，健健康康消费。

营养标签的核心——营养成分表

营养成分表包括三列：营养成分名称、含量、占营养素参考值百分比 (NRV%)

营养成分名称（1+4）：必须标出的是能量和 4 个核心营养素（蛋白质、脂肪、碳水化合物、钠）

看含量时要注意是每 100 克（毫升）食品的含量还是每份食品的含量

营养素参考值百分比（NRV%）：是衡量这种食品所含的营养素大致能满足我们每天营养需要的一把尺子

1. 营养标签的核心——营养成分表

营养成分表是由三个内容组成的表格，分别为营养成分名称、含量值、占营养参考值百分比（简称 NRV%）。按照现行《食品安全国家标准预包装食品营养标签通则》（GB 28050-2011）规定，营养成分名称必须标注“1+4”，即能量和四个核心营养素（蛋白质、脂肪、碳水化合物、钠），这是出于对食物构成、当前居民健康状况的考虑而规定的，未来在科学的基础上也会修订调整。预包装食品中能量和营养成分的含量应以每 100 克（g）和（或）每 100 毫升（mL）和（或）每份食品可食部中的具体数值来标示。当用份标示时，应标明每份食品的量。

营养成分表

项目	每100克	NRV%
能量	1841千焦	22%
蛋白质	5.0克	8%
脂肪	20.8克	35%
碳水化合物	58.2克	19%
钠	25毫克	15

2. 什么是营养素参考值 NRV%？

营养素参考值（NRV，Nutrition Reference Values）是用于比较食品营养成分含量高低的参考值，专用于食品营养标签。营养成分含量与 NRV 进行比较，能使消费者更好地理解营养成分含量的高低。NRV% 指能量或营养成分含量占相应营养素参考值（NRV）的百分比。

和参考量 NRV 相比，可以更简单、明了地帮助消费者比较食品的营养特性，并指导全天饮食安排。您可以对着营养成分表，拿起计算器来算一算，就可以知道吃了这个食品后我们摄入了多少能量和多少营养成分，以及占到营养素参考值 NRV 的百分比。

GB28050-2011 中营养素参考值

营养成分	NRV	营养成分	NRV
能量	8400 千焦	叶酸	400 微克 DEF
蛋白质	60 克	泛酸	5 毫克
脂肪	≤ 60 克	生物素	30 微克
饱和脂肪酸	≤ 20 克	胆碱	450 毫克
胆固醇	≤ 300 毫克	钙	800 毫克
碳水化合物	300 毫克	磷	700 毫克
膳食纤维	25 毫克	钾	2000 毫克
维生素 A	800 微克 RE	钠	2000 毫克
维生素 D	5 微克	镁	300 毫克
维生素 E	14 毫克 α-TE	铁	15 毫克
维生素 K	80 微克	锌	15 毫克
维生素 B_1	1.4 毫克	碘	150 微克
维生素 B_2	1.4 毫克	硒	50 微克
维生素 B_6	1.4 毫克	铜	1.5 毫克
维生素 B_{12}	2.4 微克	氟	1 毫克
维生素 C	100 毫克	锰	3 毫克
烟酸	14 毫克		

3. 营养成分功能声称是什么？

营养成分功能声称是指食品上可以采用规定用语来说明 ×× 营养成分对维持人体正常生长、发育和正常生理功能等方面的功能作用。凡是进行功能声称的食品都应在营养成分表中列出相应的营养成分含量，并符合声称条件。任意删改规定的声称用语或使用规定以外的声称用语均被视为违反国家标准。

4. 食品营养声称应做到“表中有数”

按照国家食品安全标准规定，所有采用“富含”“添加”“高”“低”“有”“无”“增加”“减少”等声称用语说明营养特征的食品，都要在营养成分表中列出相应的营养成分含量，并列出符合规定的声称标准。“表中有数”可以帮助杜绝虚假广告。

（1）高蛋白食品得多高?

如果每百克食品中蛋白质含量大于或等于 12 克，或每百毫升食品中蛋白质含量大于或等于 6 克，且该数值是真实可靠的，则该食品可以声称为“高蛋白”食品。

（2）什么叫低脂肪食品?

低脂肪食品要求每 100 克食品中的脂肪含量小于等于 3 克，或 100 毫升食品中小于等于 1.5 克。

（3）如何通过营养标签确认低糖食品?

如果某食品标签上声称“低糖”，则糖的含量要求达到每 100 克或 100 毫升的该食品含量小于等于 5 克。消费者可以核查标签上营养成分表中糖的含量是否达到要求。

（4）低钠食品也是低盐食品么?

如果某食品标签上钠的含量达到每 100 克或 100 毫升的该食品含量小于等于 120 毫克，就可以声称“低钠”，同时也可以声称“低盐”。《中国居民膳食营养指南（2022）》提倡居民降低每日的盐摄入量，每日需要控制在 5 克以下，相当于钠含量低于 2000mg。

5. 营养成分表除了“1+4”，还有什么内容?

除了“1+4”，标签中还需要根据情况标示以下的营养成分进行了营养声称或营养成分功能声称的营养成分，对于企业自愿标示的其他营养成分，也有具体的要求和规定。

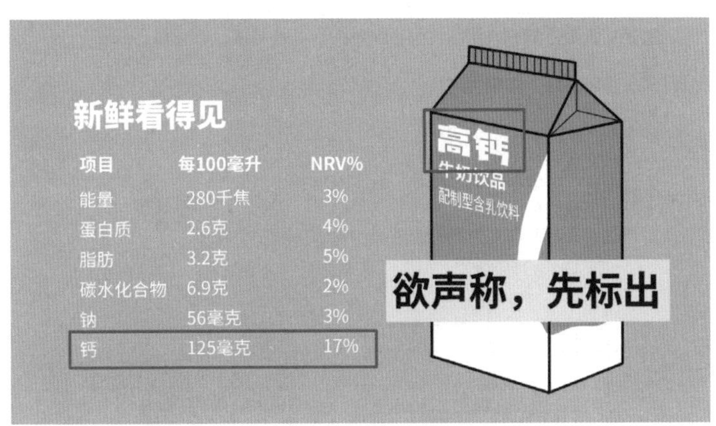

铁锌钙营养纯米粉

项目	单位	单位值 /100KJ	单位值 /100g（平均量）	营养素参考值（NRV%）
能量	kJ		1550	18%
蛋白质	g	0.33	5.5	9%
脂肪	g	0.8	12.0	20%
碳水化合物	g	4.3	70	23%
维生素 A	μgRE	14~13	252~688	32%~86%
维生素 D	μg	0.25~0.75	4.5~12.0	90%~240%
维生素 B_1	μg	12.5	230	16%
维生素 B_2	μg	13.0	250	18%
烟酸	μg	83.7	7800	13%
钙	mg	12.0	220	28%
铁	mg	0.25~0.50	4.5~8.0	30%~53%
锌	mg	0.17~0.46	3.5~7.3	23%~49%
钠	mg	24.0	300	15%
磷	mg	8.4~30.0	160~480	23%~69%

如强化，须标示

配料或生产过程中使用了氢化和（或）部分氧化油脂时，应标示出反式脂肪（酸）。

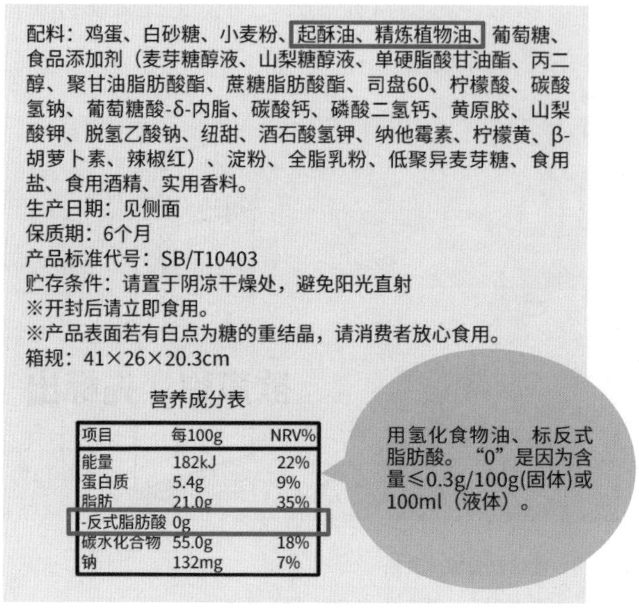

配料：鸡蛋、白砂糖、小麦粉、起酥油、精炼植物油、葡萄糖、食品添加剂（麦芽糖醇液、山梨糖醇液、单硬脂酸甘油酯、丙二醇、聚甘油脂肪酸酯、蔗糖脂肪酸酯、司盘60、柠檬酸、碳酸氢钠、葡萄糖酸-δ-内脂、碳酸钙、磷酸二氢钙、黄原胶、山梨酸钾、脱氢乙酸钠、纽甜、酒石酸氢钾、纳他霉素、柠檬黄、β-胡萝卜素、辣椒红）、淀粉、全脂乳粉、低聚异麦芽糖、食用盐、食用酒精、实用香料。
生产日期：见侧面
保质期：6个月
产品标准代号：SB/T10403
贮存条件：请置于阴凉干燥处，避免阳光直射
※开封后请立即食用。
※产品表面若有白点为糖的重结晶，请消费者放心食用。
箱规：41×26×20.3cm

营养成分表

项目	每100g	NRV%
能量	182kJ	22%
蛋白质	5.4g	9%
脂肪	21.0g	35%
-反式脂肪酸	0g	
碳水化合物	55.0g	18%
钠	132mg	7%

—案例—

陷阱一：粉饰出的“健康食品”

想要减肥的人们都会特别关注食物的热量。在挑选零食时，尤其关心包装上的营养成分表。如果能量和脂肪的 NRV% 比较高，虽然很想吃，也会敬而远之。

但就是有那么一些食物，明明吃起来又香又酥，看起来热量就很高，并且和配料相似的其他食品比，热量值要低很多，低到就算吃到饱的热量也不会令需要减肥的人担心的地步。

这时候就要警惕了，可别被表面的数值迷惑了。玄机其实藏在营养成分表标注的单位上。我们最常见的营养成分表，标注的是每 100 克食品所含的能量和脂肪等营养成分含量。但有些食品为了使热量看起来不那么“吓人”，是以更少的重量为单位。比如下图这张木薯片的营养成分表，就是以 25 克为单位。

配料：木薯、棕榈油、白砂糖、食用盐

营养成分表

项目	每 25 克	营养素参考值
能量	511 千焦	6%
蛋白质	0 克	0%
脂肪	6.0 克	10%
– 反式脂肪	0 克	
胆固醇	0 毫克	0%
碳水化合物	17.0 克	6%
钠	90 毫克	5%

配料：木薯、棕榈油、复合调味料等

营养成分表

项目	每 100 克	营养素参考值
能量	2259 千焦	27%
蛋白质	1.3 克	2%
脂肪	32.7 克	10%
– 反式脂肪	0 克	
碳水化合物	60.4 克	20%
钠	668 毫克	33%

所以，我们购物时，不要只关注营养成分表中具体的 NVR% 数值，还有关注标注单位，有时候生产厂家只在表中标注每份食物的含量，这时我们还要在临近的地方寻找每份到底是代表多少克 / 毫升。

陷阱二：警惕“隐形”盐

《中国居民膳食营养指南（2022）》提倡居民降低每日的盐摄入量，每日需要控制在 5 克以下。尤其是高血压患者尽量选择含盐量低的食品。

问题是，一些看似没有盐的食品其实并不是真正的无盐，比如我们看一眼营养成分表就会发现，看似平淡无味的挂面每 100 克含有 650 毫克的钠，甜甜的面包每 100 克也含有 276 毫克的钠。因此，我们还是要根据自己的健康需求“盐”选食物。

细心地读者可能已经发现，上面提到的这些常见的消费陷阱，只要看一下食品标签和营养标签就能轻松识破。它们向消费者提供的食品配料、营养信息和特性的说明，可以真实无误地反映出食品的真实情况。从而引导消费者合理选择预包装食品，促进公众膳食营养平衡和身体健康，保护消费者知情权、选择权和监督权。因此，从今天开始，养成查看食品标签和营养标签的好习惯吧！

食物过敏，你了解了吗？

生活中，我们经常碰到一些人，吃了某种食物就口唇红肿、身上瘙痒以及胃肠道症状，甚至发生休克、死亡等，那他有可能就是发生了食物过敏。可见，食物过敏不容小觑！

日常生活中有 1%~10% 的人被食品过敏所困扰。2005 年我国一项针对 15~24 岁人群的调查表明，约有 6% 的人曾患有食物过敏。需要注意的是，有很多过敏的症状轻微，并不典型；另外，食物（比如乳糖）不耐受、水土不服等并不是食物过敏。

我们生活中常见的过敏原有吸入物、食物、接触物、药物四大类。常见的食物过敏原主要有牛奶、鸡蛋、小麦、鱼虾蟹、坚果、大豆、芒果等。不同国家或地区的过敏情况有所差别，比如美国的花生过敏更常见，亚洲的贝壳类食物过敏等更容易发生。我国 15~24 岁人群的研究发现，约有 76% 的过敏反应是由花生、大豆、牛奶、鸡蛋、鱼类、贝类、小麦和坚果这 8 种常见致敏食品引起的，而最常见的致敏食物主要为水产品、牛奶和鸡蛋。食物过敏体质的消费者，在购买或消费食品时，应该特别注意食品中过敏物质的标签标识。

目前，我国《食品安全国家标准 预包装食品标签通则》（GB 7718）

列出了八类致敏物质。

以下食品及其制品可能导致过敏反应，如果用作配料，宜在配料表中使用易辨识的名称，或在配料表邻近位置加以提示：

1. 含有麸质的谷物及其制品（如小麦、黑麦、大麦、燕麦、斯佩尔特小麦或他们的杂交品质）;
2. 甲壳纲类动物及其制品（如虾、龙虾、蟹等）;
3. 鱼类及其制品；
4. 蛋类及其制品；
5. 花生及其制品；
6. 大豆及其制品;
7. 乳及乳制品（包括乳糖）;
8. 坚果及其果仁类制品。

能引起过敏反应的食物摄入量（过敏原阈值）因人而异，不同人过敏反应的程度也会有所不同。目前尚无从根本上解决食物过敏的医学手段，要避免发生食物过敏，唯一的方法是找出致敏原，避免在日常饮食中进食。在此也建议大家：

（1）认清食物过敏的危险性，增强防范意识。平时应根据摄食后身体状况了解自身或宝宝食物过敏的情况，必要时可去医院等专业机构寻求指导。摄入食物时要火眼金睛，在外就餐要询问清楚食物原料。对于预包装食品，要仔细看食品标签的配料表或者厂家可能标注的过敏原信息。同时也应当对周围所有亲近的人告知自己的过敏原。其中父母应注意宝宝可能致敏的辅食，而不是完全杜绝，当然如果发生过敏，就要严格规避了。

（2）进行饮食回避后，可选择一些不发生过敏的替代食物，以保证营养均衡。比如，食物蛋白过敏的婴儿（0~12 月龄）可选择

《特殊医学用途婴儿配方食品通则》（GB 25596）中乳蛋白深度水解配方或氨基酸配方食品，1 岁以上的食物蛋白过敏患者可选择《特殊医学用途配方食品通则》（GB 29922）中食物蛋白过敏全营养配方食品。

（3）保持积极健康的生活方式，平衡膳食。每个食物过敏患者应主动寻求个体化营养建议。对于食物过敏反应严重的人，应随身携带救治药物。若发现身体不适，应第一时间就医。

食品添加剂：切莫谈“我”色变

食品添加剂，主要指那些为改善食品品质和色、香、味以及为防腐、保鲜和加工工艺的需要而加入食品中的人工合成或者天然物质。食品用香料、胶基糖果中基础剂物质、食品工业用加工助剂也包括在内。

在我国，食品添加剂的使用历史非常悠久，2000 多年前西汉淮南王刘安发明了卤水点豆腐，卤水的主要成分氯化镁是食品凝固剂；红曲也是中国的发明，已有 1000 多年的历史，主要作为食品着色剂。这些都是食品添加剂。现如今，食品添加剂的使用更是遍及我们生活中的方方面面。例如：面包等食品制作中常使用碳酸氢钠、碳酸氢铵、复合膨松剂等作为膨松剂；为使食品增色，许多食品使用日落黄、胭脂红、柠檬黄、焦糖色等着色剂。

但是现实生活中，一提起食品添加剂，很多人就谈之色变。实际上，食品添加剂并非“洪水猛兽”，相反，它还发挥着非常重要的作用！可以这样说，假如没有食品添加剂的存在，很多商品将不复存在，人类饮食会变得乏味、食品安全会失去保障，食品产业发展也会失去活力！比如没有防腐剂的酱油会发霉，没有抗氧化剂的食用油会有“哈喇”味，而真菌毒素、油脂酸败带来的健康风险远大于防腐剂本身。对于宣称“不含防腐剂”的食品，消费者要理性看待。有些食品不需要使用防腐剂，例如一些食品的高糖、高盐特性具有抑制微生物的作用，但高糖、高盐膳食也会带来健康风险。当然我们要强调的是，食品添加剂必须按照规定的品种、范围和用量使用。

截至目前，我们国家允许使用的食品添加剂就达 2000 多种，可以分为天然和人工合成两大类，常用的有抗氧化剂类、甜味剂类、增稠剂类、着色剂类等。我国的食品添加剂管理主要依据《中华人民共和国食品安全法》和《食品安全国家标准 食品添加剂使用标准》（GB 2760），对食品添加剂的使用原则、允许使用的食品添加剂品种、使用范围及最大使用量或残留量都做了明确的规定。我国与国际食品法典委员会（CAC）和其他发达国家一样，建立了食品添加剂安全性评价制度，对食品添加剂实行品种审批、生产许可和监督管理制度，批准使用的食品添加剂都通过严格的安全性评价，同时我国对食品添加剂也建立了完善的再评估机制，随时根据最新研究进展调整其品种或使用范围、使用量。

目前尚未发现合法使用食品添加剂导致的食品安全事故。令公众恐慌的三聚氰胺、瘦肉精、苏丹红不是食品原料或食品，也不是食品添加剂，而是违法添加的非食用物质，因此无论添加多少，均是违法行为。

使用食品添加剂是改善食品品质、保障食品安全、发展健康食品、促进食品创新的客观需要，而且合理使用是不会对健康造成损害的。未来有食品添加剂的存在和推动，大家的食品将会更丰富、更安全。所以，希望大家从今天开始能正确地认识食品添加剂，完全不必谈之色变。

火眼金睛，带你认识“特殊食品”

日常生活中，我们经常听到或说起一些食品概念，比如“保健品”“营养品”“补品”“婴幼儿奶粉”“孕妇奶粉”“强化食品”“中老年食品”“学生食品”“儿童食品”等等，但是，这些概念是科学、标准的说法吗？大家是否真的了解它们？下面，就带着大家认识认识这些“特殊食品”。

一、食品还分普通食品和特殊食品吗？

《中华人民共和国食品安全法》（2015 年）中对食品的定义是：指各种供人食用或者饮用的成品和原料以及按照传统既是食品又是中药材的物品，但是不包括以治疗为目的的物品。第四章单列特殊食品一节并指出，国家对保健食品、特殊医学用途配方食品和婴幼儿配方食品等特殊食品实行严格监督管理。也就是说，食品确有特殊和普通之分。

二、特殊食品都有哪些？

前面提到的保健食品、特殊医学用途配方食品和婴幼儿配方食品，都属于特殊食品，我们一一来看看它们特殊在哪儿。

1. 保健食品

保健食品是大家“最熟悉的陌生人”，是指声称具有特定保健功能或者以补充维生素、矿物质为目的的食品（区别于药品）。它适宜于特定人群食用，具有调节人体功能，不以治疗疾病为目的（因此也不能宣传疾病治疗、预防作用），并且对人体不产生任何急性、亚急性或者慢性危害的食品。保健食品都有一顶“蓝帽子”。

2. 特殊医学用途配方食品（FSMP）

这类食品是为了满足进食受限、消化吸收障碍或代谢紊乱等人群的每日营养需要，或为了满足医学状况或疾病人群对部分营养素或膳食的特殊需要，专门加工配制而成的配方食品。该类食品必须在医生或临床营养师指导下使用，可以单独使用，也可以与普通食品或其他特殊膳食食品共同使用，在临床上称为肠内营养，但不属于药品。《食品安全国家标准 特殊医学用途配方食品通则》（GB 29922）及相关规定对此类产品进行规范。

3. 婴幼儿配方食品

包括婴儿（0~12 月龄）配方食品、较大婴儿（6~12 月龄）和幼儿（12~36 月龄）配方食品以及特殊医学用途婴儿配方食品通则。其实就是大家常说常见的婴幼儿奶粉。《食品安全国家标准 婴儿配方食品》（GB 10765）、《食品安全国家标准 较大婴儿配方食品》（GB 10766）、《食品安全国家标准 幼儿配方食品》（GB 10767）、《食品安全国家标准 特殊医学用途婴儿配方食品通则》（GB 25596）及相关规定对此类产品进行规范。近几年，国家大力规范婴幼儿配方乳粉，其实符合我国标准的奶粉更适合我国婴幼儿。

三、分清真正的特殊食品

前面讲了这么多，大家应该对我国的特殊食品有所了解，那现在咱们就回到刚开始讲的那些概念上。

1. 保健品、营养品、补品

规范的叫法是保健食品，具有特定的保健功能，目前我国批准受理的保健食品的保健功效共 27 种，比如增强免疫力、辅助降血糖、抗氧化、缓解体力疲劳等。

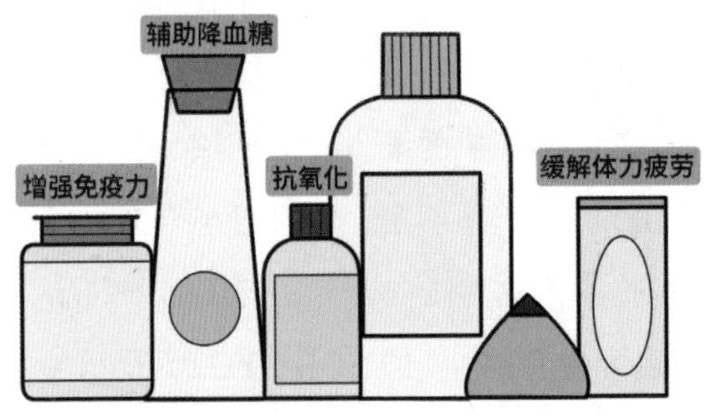

	2003 年前	2003 年后
国产保健食品	卫食健字（年代号）第 ××× 号	卫进食健字（年代号）第 ××× 号
	举例：卫食健字（1998）第 095 号	举例：卫食健字（1998）第 03 号
进口保健食品	国食健字 G ××××（年代号）××××（顺序号）	国食健字 J ××××（年代号）××××（顺序号）
	举例：国食健字 G20090033	举例：国食健字 J20140593

消费者购买保健食品可根据个人需要进行针对性选择，并按照标签、说明书食用。注意查阅其“蓝帽子”标识，并在国家市场监督管理总局

网站上查询其批准文号等信息。目前国家持续开展食品、保健食品欺诈和虚假宣传整治工作，大家特别是中老年人群千万不要轻信各种广告推销、虚假宣传，如遇此类情况就向市场监管部门投诉举报。

2. 强化食品

（营养）强化食品，是指为了保持食品原有的营养成分，或为了补充食品中所缺的营养素，向食品中添加一定量的食品营养强化剂，以提高其营养价值，如铁强化酱油、强化面粉、孕妇奶粉等。强化食品是一个名称，但并不是一种食品分类，它可能是普通食品（AD 钙奶），也可以是特殊食品（婴幼儿奶粉）。其中营养强化剂的使用需符合《食品安全国家标准 食品营养强化剂使用标准》（GB 14880）及相关规定。

3. 标称为儿童食品、学生食品、中老年食品

目前，我国食品安全国家标准体系中尚没有制定儿童食品、学生食品、老年食品等的产品标准，市面上标称为此的相关产品，本质上是商家为了吸引特定消费群体。

4. 标签标识

国家对于食品的标签标识有专门的标准规定，如《食品安全国家标准 预包装食品标签通则》（GB 7718）、《食品安全国家标准 预包装食品营养标签通则》（GB 28050）、《食品安全国家标准 预包装特殊膳食用食品标签》（GB 13432）等。因此大家在购买食品时，不管是普通食品还是特殊食品，都应仔细查看其标签标识，分清什么是真正的特殊食品，什么是概念产品。

二、带你认识生活中的食源性疾病

认识食品安全的头号敌人——食源性疾病

“民以食为天，食以安为先”，食品安全事关公众健康，是世界各国普遍关注的公共卫生问题。与消费者普遍关注的食品添加剂、农药残留等化学污染相比，食源性疾病危害更为严重。食源性疾病是被我们经常忽视的食品安全的“头号敌人”，下面向大家介绍一下如何预防食源性疾病，保障我们的食品安全。

什么是食源性疾病？食源性疾病通俗地讲就是“吃出来的病”，是指通过摄入食物而进入人体的各种致病因子引起的，具有感染或中毒性质的疾病。按照致病因素，包括化学性的（农药、亚硝酸盐、真菌毒素等）、生物性的（细菌、病毒、寄生虫等）、有毒动植物的（霉变甘蔗、河豚）等。其污染的食品可导致从腹泻到肿瘤等 200 多种疾病，而多数食源性疾病是由于食用了受致病微生物污染的食物引起的。

为什么说食源性疾病是食品安全的“头号敌人”？世界卫生组织（WHO）2015 年发布的报告称，全球每年至少有 6 亿人罹患食源性疾病，即每 10 个人中就有 1 个人因受污染的食物而患病，导致 42 万人死亡，其中很多是儿童。在我国，据不完全统计每年约有 2~3 亿人次发生食源性疾病，每年报告的食源性疾病暴发事件大概有600~800起，导致数百人死亡。常见的食源性疾病有沙门氏菌食物中毒、副溶血性弧菌食物中毒、菜豆中毒、毒蘑菇中毒、亚硝酸盐中毒等。

这么多食源性疾病，作为普通的消费者应该如何预防，保护我们自己家庭食品安全的小环境呢？WHO提出了食品安全五要点，是我们克敌制胜的法宝。

1. 保持清洁

餐前便后要洗手，洗净双手再下厨。

饮食用具勤清洗，昆虫老鼠要驱除。

2. 生熟分开

生熟食品定要分，切莫混杂共保存。

刀砧容器各归各，避免污染惹病生。

3. 烧熟煮透

肉禽蛋品要煮熟，贪吃生鲜是糊涂。

虫卵病菌需杀尽，再度加热也要足。

4. 安全存放

熟食常温难久藏，食毕及时进冰箱。

食前仍需加温煮，冰箱不是保险箱。

5. 材料安全

饮食用水要达标，菜果新鲜仔细挑。

保质期过不再吃，莫为省钱把病招。

吃海鲜，当心副溶血性弧菌！

副溶血性弧菌是一种天然存在于海水和鱼、虾、蟹、贝类等海产品中的食源性致病菌。副溶血性弧菌如果污染了抹布和砧板，可在上面存活一个月以上。

每年的6~9月份，都是副溶血性弧菌引起食物中毒的高发时期。潜伏期一般为10~24小时。感染后先出现恶心、呕吐症状，随后会出现肚脐周围阵发性绞痛和水样便，严重的患者会脱水、血压下降，甚至休克。

预防副溶血性弧菌食物中毒，一定要注意保持厨房和用具的卫生清洁，处理海产品前和处理结束后都要洗手。避免即食食品与未处理的海产品交叉污染，盛装生、熟食品的容器、加工的砧板、刀具也应该分开。

处理海产品后的容器、砧板和刀具要及时清洗，清洗过程要防止外溅。加工海产品时一定要烧熟煮透，尽量不生食或半生食海产品。外出就餐如果要吃海鲜，到食品安全等级较高的餐厅。一旦出现腹泻、呕吐等症状及时到正规医疗机构就诊。

劣迹斑斑的大肠埃希菌 O157:H7

大肠杆菌是人类和动物肠道中的正常菌群，多数是无害的，只有少数能引起人肠道感染，被称为“致泻性大肠埃希氏菌”。大肠杆菌 O157:H7 其实是致泻性大肠埃希氏菌一个血清型。这个大肠杆菌 O157:H7 可是一个劣迹斑斑的“惯犯”，经常在世界各地流窜作案。

1982 年，在美国污染牛肉汉堡，“制造”了著名的牛肉汉堡中毒事件；

1996 年，在日本出手，导致 9000 多人感染；

2011 年，其同胞兄弟 O104：H4 在德国通过芽苗菜“制造”了暴发，波及欧盟其他 13 个国家及美国、加拿大等地，造成 4000 多人感染。

家畜和家禽是大肠杆菌 O157:H7 主要的宿主。其在自然环境中生活能力强，在牛粪中可存活 70 天以上，在莴苣中 12~21℃的条件下可存活 14 天。人主要通过食用受污染食品而发病，目前在世界各国引起暴发流行的病因食品有汉堡包、烤牛肉、生牛奶、鲜榨苹果汁、酸奶、奶酪、香肠、蛋黄酱、生菜、芽苗菜等。人与人之间的密切接触以及直接接触带菌动物也可以引起感染。

人感染大约 4~9 天后发病，常表现为突发剧烈腹痛、腹泻，初为非血性腹泻，同时伴有恶心、呕吐、发热等症状。大部分患者病情可在 1 周内缓解。部分患者可在病后 2~3 天出现血性腹泻，继而发展为溶血性尿毒综合征、血栓形成性血小板减少性紫癜等并发症，出现肾功能衰竭，病情严重者甚至会死亡。

注意预防才是对付大肠杆菌的最好办法。大肠杆菌能在 5~50℃的环境生存，以 36℃为最适合，刚好与人体体温一样，由于它不耐高温，因此烧熟煮透是预防的关键。

在日常生活中一定要注意以下几点：

（1）养成洗手好习惯，饭前便后洗手，在洗菜前也应注意洗手，应用肥皂和流动的水洗。

（2）生熟案板和刀具分开，切熟食和生食应有各自的专用案板、刀具，使用完毕后需彻底清洁干净，并定时消毒。

（3）应彻底做熟食物。如果要生吃蔬菜，应彻底洗净，最好放置在流动的水流下清洗。不喝生水，无论是家中的自来水还是其他水源，最好都能烧开饮用。免疫力低下人群尽量避免生食的饮食方式。

（4）特别提示，如外出旅行应密切关注当地疾病流行情况，做好个人防护，如出现急性血样便、腹泻后无尿或少尿等表现，应及时到正规医疗机构就诊，并主动告知旅行史，切忌自行服用止泻药物和抗生素。

警惕冰箱杀手——李斯特“君”

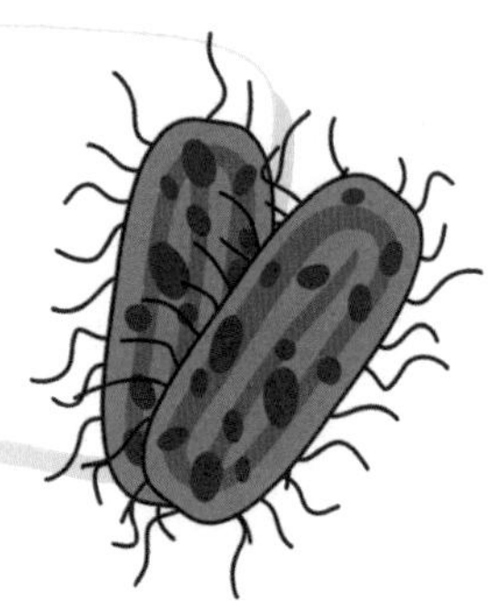

2011 年 8~10 月，美国多个州因食用产自科罗拉多州詹森农场的新鲜哈密瓜而导致李斯特菌病暴发。这轮疫情为美国 10 多年来最严重的一次，疫情蔓延至近 30 个州，有近 150 人感染，30 人死亡。据媒体报道，2022 年 3 月我国杭州 27 岁的孕妇黄女士怀孕 24 周出现了发热症状，不久之后生下了一个只有 670 克的“巴掌宝宝”，后经医院检查，黄女士是由于感染李斯特菌而引起的早产。那究竟何为李斯特菌病？李斯特菌病到底离我们有多远？我们用不用担心呢？

李斯特菌病是由单核细胞增生性李斯特菌（简称“李斯特菌”）所致的疾病，是危害最严重的食源性疾病之一，主要通过食用受李斯特菌污染的食品而感染，潜伏期一般为 3~72 天。

李斯特菌离我们并不遥远，其广泛分布于自然界，在土壤、动物性食品、新鲜蔬菜水果都能找到它。该菌还有不怕冷的特点，素有“冰箱杀手”的外号。

通常免疫功能正常的人吃了被李斯特菌污染的食物不会得病，或只有轻微的流感样症状和胃肠道症状，很快就能自愈。但孕妇、新生儿、老年人和免疫功能低下的人（如肿瘤患者、HIV 感染者、器官移植者）最容易感染李斯特菌，可引起败血症和脑膜炎。感染后病死率高达20%！孕妇感染李斯特菌的概率比正常人高20倍，可导致流产、早产、死胎和新生儿感染。李斯特菌病虽然严重，但对青霉素类抗生素敏感，及时治疗可以治愈。

李斯特菌病虽凶险，但是可防、可治、可控。要想消灭它就要注意饮食卫生，防止病从口入。对于高危人群，特别是怀孕的准妈妈要特别注意以下容易被李斯特菌污染的高危食品：未经巴氏消毒的牛奶和奶酪、熟肉制品、生食水产品、熏制海产品、生食瓜果蔬菜、烧烤食品、寿司、刺身、冰淇淋以及冰箱内冷藏过的食品等。

此外，还要养成正确的饮食生活习惯

（1）不吃未经巴氏消毒的牛奶及其奶制品；

（2）生食瓜果蔬菜前要彻底洗净；

（3）生肉要与蔬菜、熟食等即食食品分开存放；

（4）处理生食和熟食的刀具、砧板要分开，避免交叉污染；

（5）加工生食后一定要洗手；

（6）冰箱内冷藏过的熟肉制品再次食用前要彻底加热。

人兽共患病原菌——弯曲菌！

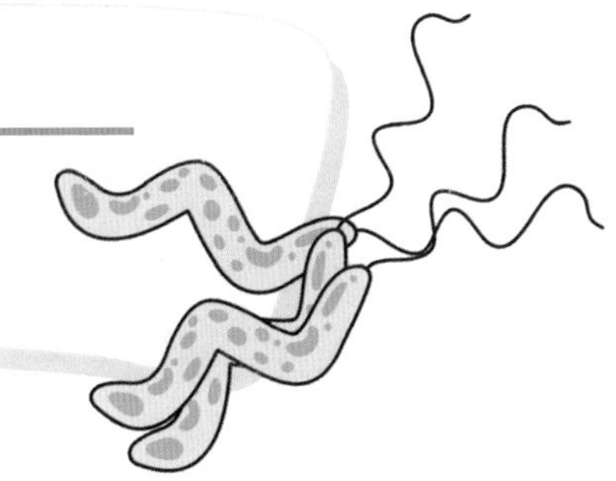

弯曲菌是导致食源性疾病的一类重要人兽共患病原菌。2007 年吉林长春市出现了空肠弯曲菌引起的格林巴利综合征的爆发，2011 年美国、墨西哥也有空肠弯曲菌引起的格林巴利综合征的爆发的报道。

弯曲菌是一类细小的，人类肉眼看不到的细菌，在低氧环境下生长，可以感染人和动物产生疾病。弯曲菌属中有 10 余种可导致人类疾病，其中最常见的是空肠弯曲菌和结肠弯曲菌。

多数人感染弯曲菌常见的症状是腹泻、腹痛伴发热，有时伴有恶心、呕吐，持续 3~6 天。有些人为无症状携带。严重者可导致菌血症、反应性关节炎、脑膜炎等肠道以外的症状。约千分之一的空肠弯曲菌感染患者可发生一种严重继发病症叫格林巴利综合征，这种病症可导致患者因呼吸肌麻痹而死亡。

我们日常生活中的许多食品，比如肉类、牛奶、水果蔬菜和饮用水都有可能被弯曲菌污染。许多动物如鸡、牛、鸟类的肠道、内脏中携带有弯曲菌，当屠宰的时候，可食用部分会被弯曲菌污染；牛奶会因奶牛乳房携带有弯曲菌或被含有弯曲菌的肥料所污染；水果蔬菜可以通过接触被弯曲菌污染的肥料和灌溉水所污染；动物粪便则可以造成水源的污染。

当人们通过食用生的或未熟透的被弯曲菌污染的食品，饮用被污染的水、牛奶等时，就会感染弯曲菌。人们也可因直接与感染动物、家养宠物等接触而感染弯曲菌病。

预防感染弯曲菌，要遵循 WHO 推荐的食品安全五要点：保持清洁、生熟分开、食物完全烧熟煮透、在安全的温度下保存食物、使用安全的水和食物原料。

具体到我们生活中，要做到：

（1）食物烹调要充分：饮用水、禽畜肉、蛋奶制品等入口食品应彻底加热后食用。

（2）避免食物间交叉污染：肉类加工前冲洗需小心操作，避免细菌随水花飞溅污染厨房内其他食品及周边环境。

（3）生熟分开！

（4）家养的宠物尽量不要让它们到厨房溜达。

（5）接触禽类、宠物后及时做好个人清洁，餐前便后勤洗手。

春日来袭，警惕美食“沙”手

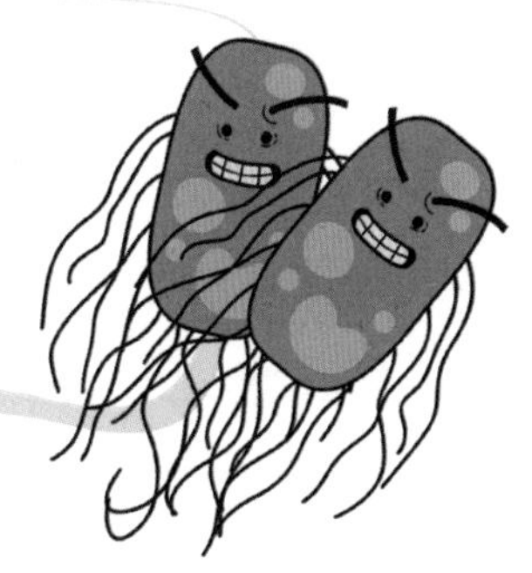

说起沙门氏菌，它们可以称得上是肠道致病菌中的“劳模”，可以全年无休地危害人体健康，尤其是夏秋两季，更是沙门氏菌狂欢的大好时机。它们猎食广泛，肉蛋奶及其制品无一不是它们的藏身之处，并且藏得秘而不露，被他们入侵的食品无腐败无异味，仅凭感官是很难分辨的。因此，稍有不慎便有可能中了沙门氏菌的毒手。

沙门氏菌引起的食物中毒主要有五种类型：胃肠炎型、类伤寒型、败血症型、感冒型、霍乱型。中毒的症状以急性肠胃炎为主，潜伏期一般为 4~48 小时，主要症状有呕吐、腹泻、腹痛；粪便以黄绿色水样便为主，有时为脓血便或黏液便；发热的温度在 38~40℃之间，重病者甚至会出现打寒战、惊厥、抽搐和昏迷等症状。如果不幸中了沙门氏菌的圈套，要及时就医，切忌自行服用抗生素“疗伤”。

沙门氏菌生存能力强，对环境不挑剔，在白水中甚至都可以生存 2~3 个月，在冰箱里可以生存 3~4 个月，因此那些把冰箱当作保险箱的小伙伴们还是尽早放弃冻死它的打算吧。但是沙门氏菌也不是无敌的，高温就是它的克星：55℃持续加热 1 小时或 60℃持续加热 15~30 分钟都可以消灭它，在 100℃的环境下沙门氏菌立即死亡。

当然，只知道热死它这一个招式还是不够的，打败沙门氏菌，还要做到以下几点：

（1）从正规渠道购买肉食！动物本身是否健康和生产销售链是否规范，都是决定沙门氏菌污染的重要因素。应避免从无证流动摊贩购买肉食。

（2）生熟分开！不仅是沙门氏菌，将处理生熟食的碗碟砧板分开对预防副溶血性弧菌、华枝睾肝吸虫等其他病原微生物的感染都是简单有力的措施。

（3）保持清洁！加工每种食品的前后，一定要清洗刀具和砧板，这样可以有效避免食物之间的交叉污染。

（4）蒸熟煮透！记住，你爱吃的生冷美食，沙门氏菌也爱。烹饪一定要一煮到底，剩菜剩饭注意低温存放，吃前也一定要热透了再吃。

相信有了这几招，小伙伴们一定可以打败沙门氏菌，尽情地享受美食。

夏日来袭，小心金葡“君”

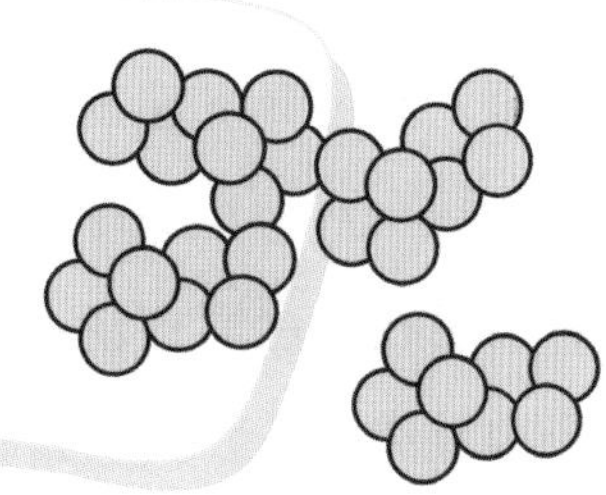

夏天又到了，金葡“君”又要出来作乱了！您问“金葡君”是谁？就是金黄色葡萄球菌啊！

金黄色葡萄球菌简称“金葡菌”，是引起食源性疾病的重要病原菌之一，在培养条件下，金葡菌可以长成金黄色，在显微镜下观察，像葡萄一样聚集在一起，漂亮极了。但它美丽的外表下，隐藏着一颗“有毒的心”。在美国，由食源性致病菌导致的食源性疾病中金黄色葡萄球菌占33%，高居第二位；在我国，由食源性致病菌导致的食源性疾病中金黄色球菌排在第三位。下面让我们一起来看看金葡菌的典型“犯罪记录”吧！

2000年日本雪印乳金黄色葡萄球菌污染事件，造成1.4万多名消费者食物中毒；

2015年菲律宾糖果金黄色葡萄球菌污染事件，造成近两千人食物中毒。

金葡菌本身杀伤力有限，但是它可以扩大队伍，产生武器—肠毒素。虽然金葡菌对温度敏感，很容易被杀死，但是其产生的肠毒素耐热性强，普通的烹煮方式无法将其完全破坏。肠毒素进攻人体后，可以引起食物中毒，会出现恶心、剧烈呕吐、腹痛、腹泻等急性肠胃炎症状，病程短，杀伤力强。特别是儿童对肠毒素比成人敏感，发病率高，病情重，需要特别注意！

金葡菌在自然界广泛存在，在我们的呼吸道、皮肤上都能找到，容易污染肉及肉制品、蛋及其制品、乳及乳制品、糕点、剩饭剩菜等食品。要想避免金葡菌引起的食源性疾病，要遵守 WHO 推荐的食品安全五要点。

金黄色葡萄球菌生长繁殖的温度条件在 6~48℃之间，因而低温保存或者高温加热食物都是安全的，但在中间温度条件下不宜久置，避免金葡菌污染而产生肠毒素，所以要特别注意。

温馨提示：

（1）奶油蛋糕、熟食等在室温下不得存放 2 小时以上；

（2）所有熟食和易腐烂的食物应及时冷藏（最好在 5℃以下）；

（3）冷冻食物不要在室温下化冻，可采用微波炉解冻、冷藏室解冻等方式；

（4）食品从业人员出现皮肤伤口感染或者呼吸道感染的症状暂停直接入口食品的加工制作，直到痊愈。

当婴幼儿配方乳粉“遭遇”克罗诺杆菌

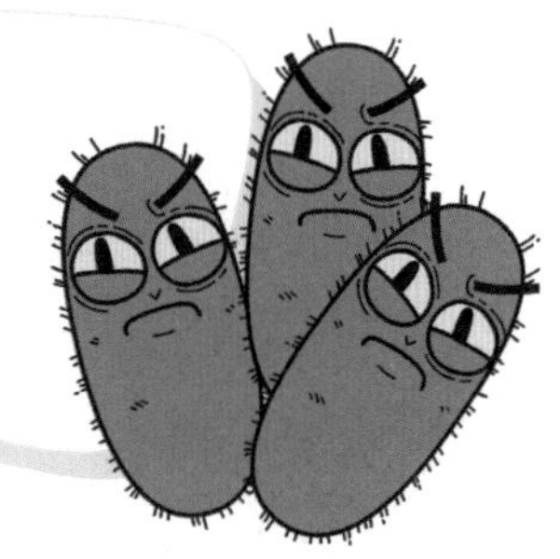

克罗诺杆菌，原名阪崎肠杆菌(E. sakazakii)，它是一种条件致病菌，是人和动物肠道内的正常菌群之一，可在一定条件下对人和动物致病，属于条件致病菌。由于婴儿胃酸pH值高于成人，对细菌的杀伤作用不够强且血脑屏障也尚未发育完全，因此阪崎肠杆菌最容易袭击1岁以下，特别是早产、低出生体重、免疫力低下的婴幼儿。

自1961年，英国医生Franklin等首次报道了2例由阪崎肠杆菌引起的新生儿脑膜炎病例之后，在世界范围内陆续有新生儿阪崎肠杆菌感染病例的报道。多数患儿感染后临床症状轻微且不典型，易被忽略。新生儿可表现为精神萎靡、拒乳、黄疸加重等症状，严重者可引起坏死性小肠结肠炎、败血症、脑膜炎等，造成神经系统的后遗症或死亡。

阪崎肠杆菌广泛存在于环境中，具有耐热、耐干燥、耐渗透压等特点，可长时间生存在干燥的环境中。阪崎肠杆菌是世界范围内的婴幼儿乳品生产企业重点控制的致病菌，对它的检测是非常严格的。我国《食品安全国家标准 预包装食品中致病菌限量》(GB 29921)中规定0~6月龄婴儿食用的配方食品中不得检出。

此外，婴儿配方乳粉如果在冲调、存放时操作不当，也可能被环境中的阪崎肠杆菌污染。

预防阪崎肠杆菌危害孩子，要记住以下的指导原则：

（1）婴儿在 6 月龄之前应尽可能完全母乳喂养。

（2）冲调奶粉前应对所有用于喂哺及冲调乳粉的器具（例如，奶杯、奶瓶、奶嘴、瓶盖和调羹）及双手进行彻底的清洁和消毒。

（3）如果食用婴儿配方奶粉应使用超过 70℃的热水冲调奶粉，并在冲调后 2 小时内尽快喂哺。需要强调的是，配方奶在喂食前应冷却到人体温度。

（4）预先冲调的奶粉要快速冷却后放在 5℃以下的冰箱内保存不超过 24 小时，且再次喂食前须重新加热。

（5）对于早产儿、体重低或免疫力低的婴儿，应使用商业无菌的液态婴儿配方奶。

生食莫贪鲜，当心"虫"来袭！

近年来，因生食或食用半生不熟的海鱼、蛙、蛇、虾、蟹及贝壳螺类等而感染寄生虫病例的报道屡见不鲜。喜欢尝鲜的人们应谨慎食用，当心寄生虫侵袭，损害自身健康。

我们都该注意哪些寄生虫？

据调查，在我国广泛流行的人、鱼共患寄生虫主要有肝吸虫、肺吸虫、广州管圆线虫以及异尖线虫等。

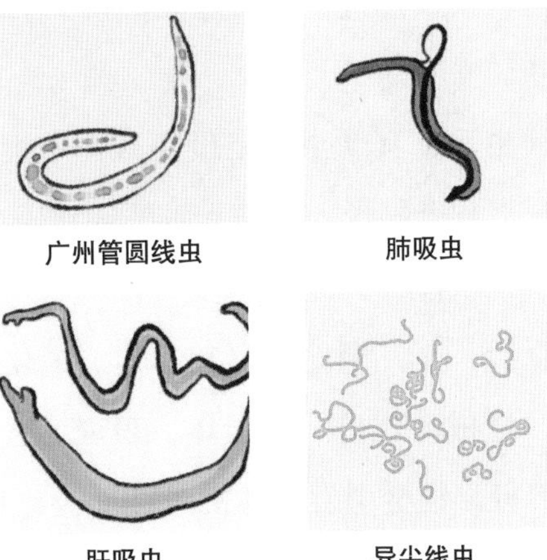

生食、半生食淡水鱼可能会感染肝吸虫，又称华支睾吸虫。生食、半生食螺、蚌、牡蛎等贝壳类可能会感染广州管圆形线虫。生食、半生食虾、蟹等甲壳类可能会感染卫氏并殖吸虫，又称肺吸虫。如果你认为海鱼身上不会有寄生虫，那就错了！生食、半生食海鱼可能会感染异尖线虫。这属于典型的病从口入，可绝大多数人并不知道它们的风险。

感染这些寄生虫都有哪些危害呢？

1. 肝吸虫

人感染肝吸虫后，其成虫寄生在人体肝脏的胆管内，大量繁殖会引起胆汁堵塞、胆管发炎、肝纤维化、肝硬化，还有资料显示肝吸虫感染与胆管癌、肝癌的发生有密切关系。

2. 肺吸虫

人感染肺吸虫后，其成虫体在人体组织中游走或定居时对脏器造成的机械性损害及虫体代谢产物引起的变态反应。在急性感染期可有腹痛、腹泻、便血，寄生于脑部可形成脑内多发性囊肿，出现剧烈的头痛、癫痫、瘫痪、视力减退、头颈强直、失语等症状。

3. 广州管圆线虫

人们感染广圆线虫后，其幼虫主要侵犯人体中枢神经系统，表现为脑膜和脑炎、脊髓膜炎和脊髓炎，可使人致死或致残，健康危害极大。

4. 异尖线虫

人感染异尖线虫后，其三期幼虫可在人体的消化道内移行，甚至钻入消化道内壁黏膜，造成消化道严重损坏，表现为恶心、腹痛、呕吐等症状。此外虫体及其分泌物会引发人体的过敏反应，具体症状为：水肿、风疹、呼吸障碍、甚至休克。

所以，对待寄生虫病，防范远比治疗来得有效。我们要选择那些进购、监管清晰，来源明确，水质有保证，冷链技术有保障的水产品；不吃任何来历不明的野生海鲜水产。另外，加工时要做到烧熟煮透或冷冻处理（美国食品药品管理局 FDA 建议鱼肉必须在 -35℃冷冻 15 小时或是 -20℃冷冻 7 天后才能食用）。并且，海产品的内脏、呼吸器官、排泄器官等本身就是菌类、微生物等聚集的地方，尽量不吃。

来路不明的酒 千万喝不得

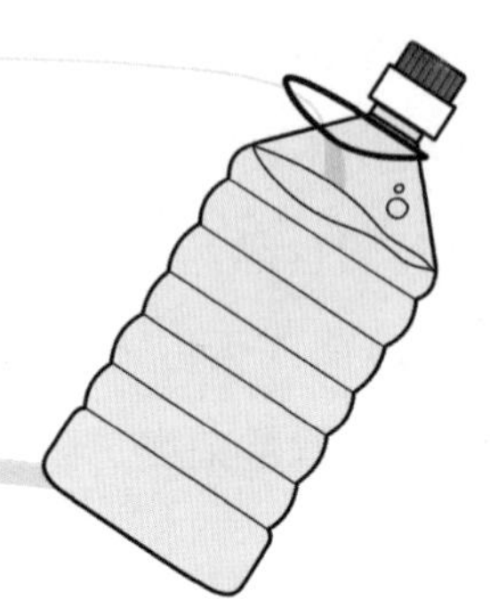

我国经过这些年来的大力整治，用工业酒精勾兑假酒售卖的不法行为已经基本消失，但甲醇中毒的悲剧仍偶有发生。据媒体报告，2022 年 3 月四川泸州一农村酒宴上，因误将甲醇当作酒饮用导致 13 人中毒和 4 人死亡的事故。

很多小餐饮场所或者工地食堂会使用醇基燃料，也就是我们常说的工业酒精燃料，作为炒菜生火的热源。家庭中如果把作为燃料的甲醇随意存放时，就有人可能错误地把甲醇当成散装白酒饮用。

一旦发生甲醇中毒，发现时往往已经晚了。因为甲醇中毒的潜伏期较长，一般为 2~36 小时，如事先曾饮酒，还会使潜伏期延长。加上中毒者喝了酒，意识不清，亲友很可能把一些异常症状当成醉酒的表现，疏于警惕，错过最佳就医时机。

甲醇中毒的临床表现以视神经系统症状、代谢性酸中毒、弱视、失明为主。急性甲醇中毒对视力的损害是缓慢并且逐渐加重的，就算及时就医给予积极治疗，已经损失的视力也很难恢复到病前水平。

所以再次呼吁大家，对于外包装不明、来源不明的液体，无论多么像酒，都不要往嘴里送。如果购买白酒，要去超市、商场等正规渠道。使用甲醇的场所，不能和食品原料混放，要有明确标识。

食物中的“隐形杀手”——真菌毒素

你知道什么是真菌毒素吗？它对人的健康有什么危害？生活中我们要怎样避免食用真菌毒素污染的食物？下面我们就来聊聊真菌毒素的那些事。

温暖潮湿的季节，食物容易发霉，罪魁祸首就是霉菌。当霉菌带有产毒基因且环境条件适宜的时候，便会产生毒素，这类毒素就是真菌毒素。目前已知的真菌毒素有400多种，其中黄曲霉毒素是最毒的一种，黄曲霉毒素 B_1 的毒性是氰化钾的10倍，砒霜（三氧化二砷）的68倍。真菌毒素引发的食品安全事件就发生在我们身边！

真菌毒素几乎可以污染所有的农作物，下面给大家介绍几种对我国居民健康构成较大风险的真菌毒素以及“高风险”食品。

1. 黄曲霉毒素有 B_1、B_2、G_1、G_2、M_1 和 M_2 等类型。长期食用含有黄曲霉毒素的食品会引起慢性中毒和肝癌。容易被黄曲霉毒素 B_1 污染的食物包括花生、大豆、玉米以及其制品。黄曲霉毒素 M_1 主要污染的食物是奶及奶制品。

2. 脱氧雪腐镰刀菌烯醇容易污染的食品包括玉米、小麦、大麦。

3. 展青霉素容易污染的食品主要是烂苹果和山楂。

4. 赭曲霉毒素 A 容易污染的食品包括粮食以及咖啡豆。

5. 玉米赤霉烯酮容易污染的食品主要小麦和玉米。

那真菌毒素是怎么进入人体的呢？直接途径是吃了被真菌毒素污染的粮食、水果、果汁等食品。间接途径是用真菌毒素污染的饲料喂养动物，通过食物链，最终对人体健康产生危害。例如：赭曲霉毒素 A 可以在动物体内蓄积；黄曲霉毒素 B_1 在奶牛体内代谢成黄曲霉毒素 M_1，污染牛奶。

真菌毒素往往渗入食物内部，看不见、摸不着、又普遍耐高温，煎、炒、烹、炸无法去除。那么生活中怎样避免摄入真菌毒素污染的食品？

1. 首先要防止食物的霉变！储存食物时注意通风，因为霉菌喜欢温暖、潮湿的环境，通风可以使食物干燥，降低食物的储存温度，防止霉菌的生长和产毒；

2. 竹木餐具要保持清洁干燥，防止霉变；

3. 在正规商场、超市购买新鲜、保质期内食品。

《食品安全国家标准 食品中真菌毒素限量》（GB 2761）中，规定了人们常吃的食物中，对人体危害较大的真菌毒素的限量值，同时严格要求食品生产和加工者要采取控制措施，使食品中真菌毒素的含量达到最低水平。

请大家一定要记住这几点，吃出安全，吃出健康！

腌制食品不能任性吃

腌制是将食盐或糖大量渗透到食品组织内，以达到保藏食品的目的，是早期保存食物的一种非常有效的方法。现今，腌制已经从简单的保存手段转变为一种独特的加工技术。常见的腌制食品包括酸菜、泡菜、咸菜、酱豆腐、咸鸭蛋、果脯、腊肉、咸鱼等工业化腌制食品，而且，很多家庭也会自制泡菜、咸菜等腌制食品。

食品腐败变质的主要原因是细菌等微生物的滋生，腌制食品之所以可以有效延长保存期，是因为在腌制过程中加入的食盐、糖，不仅起到调味作用，高浓度的盐或糖还可以产生高渗透压，使微生物的细胞失水，进而抑制微生物的生长，从而起到一定的防腐作用。正因如此，酸菜、泡菜相比新鲜蔬菜有更长的保质期；我国南方很多地区也常将肉和鱼腌制成腊肉和咸鱼得以更好地保存。

腌制食品虽然食用方便，保存时间长，但食用过多的腌制食品可能有损身体健康。首先，新鲜蔬菜在腌制过程中会产生大量亚硝酸盐，亚硝酸盐本身有毒性，一般食用 0.3~0.5g 可导致中毒，3g 可引起死亡。蔬菜从腌制的 2~3 天开始产生亚硝酸盐，随着时间的增长，蔬菜中亚硝酸盐的含量不断积累，在 20 天左右达到峰值，之后亚硝酸盐又会逐渐分解减少直到基本消失。所以，建议腌制咸菜、酸菜达到 1 个月以上再食用。如果一些小作坊或家庭自制的腌菜放几天入味以后就开始食用，此时正是亚硝酸盐大量增加的时候，如果食用会产生一定的健康风险。因此，自家腌制的泡菜、酸菜时要保证腌制时间充分。如果食用腌制食物后，出现胸闷、憋气等现象，建议及时就医，以免延误治疗时机。

其次，从营养健康角度考虑，腌制食品中的盐分或糖分过高，长期食用会引发高血压等慢性疾病。新鲜蔬菜、水果在腌制过程中损失大量的维生素 C，因此腌制食品不能任性吃，建议多吃新鲜果菜。

小心中毒！路边的蘑菇你不要采！

每年，都会发生许多毒蘑菇中毒的案例，多是由于市民朋友们随意采食野生菌造成的。所以要提醒大家，在气温环境适宜的条件下，尤其是雨后，野生蘑菇大量生长，切勿随意采摘，谨防毒蘑菇中毒。

毒蘑菇又称毒蕈或毒菌，是指人食用后出现中毒症状的大型真菌。目前在我国已报道的毒蘑菇有 400 多种，其中含剧毒者有 40 余种。我国每年都有毒蘑菇中毒事件发生，以 5~9 月最为多见，云南、贵州、湖南等省份高发，北京每年亦有报道。仅 2021 年，中国疾病预防控制中心共处理了来自全国 25 个省份的 327 起蘑菇中毒事件，共计 923 人中毒，造成 20 人死亡。

由于毒蘑菇的毒素成分各异，能够导致不同的中毒症状。一般可分为：胃肠炎型、急性肝损害型、急性肾衰竭型、神经精神型、溶血型、横纹肌溶解型、光敏皮炎型及混合型八种类型。其中急性肝损害型蘑菇中毒是我国毒蘑菇中毒死亡的最主要类型，中毒早期可出现恶心、呕吐等胃肠道症状，多数患者在胃肠道症状好转后有 1~2 天“假愈期”，随后病情进行性加重，出现明显肝功能损伤并有神经系统症状、凝血功能障碍等并发症。而胃肠炎型蘑菇中毒最为常见，表现为恶心、呕吐及剧烈腹泻，体温不高，病程较短，一般预后较好，但中毒严重者可因脱水及

当心中毒！

华北地区常见毒蘑菇

（勿采勿食野生蘑菇）

当心中毒！

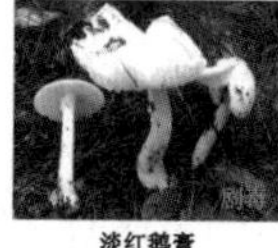

黄盖鹅膏原变种（急性肝损害型）*Amanita subjunquillea*

肉褐鳞环柄菇（急性肝损害型）*Lepiota brunneoincarnata*

淡红鹅膏（急性肝损害型）*Amanita pallidorosea*

欧氏鹅膏（急性肾衰竭型）*Amanita oberwinklerana*

假褐云斑鹅膏（急性肾衰竭型）*Amanita pseudoporphyria*

卷边桩菇（溶血型）*Paxillus involutus*

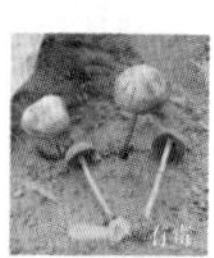

亚稀褶红菇（横纹肌溶解型）*Russula subnigricans*

毒蝇鹅膏（神经精神型）*Amanita muscaria*

裂丝盖伞（神经精神型）*Inocybe rimosa*

变红丝盖伞（神经精神型）*Inocybe erubescens*

粪生斑褶菇（神经精神型）*Panaeolus fimicola*

蝶形斑褶菇（神经精神型）*Panaeolus papilionaceus*

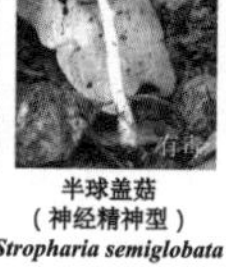

红褐斑褶菇（神经精神型）*Panaeolus subbalteatus*

粪锈伞（神经精神型）*Bolbitius titubans*

深凹杯伞（神经精神型）*Clitocybe gibba*

半球盖菇（神经精神型）*Stropharia semiglobata*

毒红菇（胃肠炎型）*Russula emetica*

臭红菇（胃肠炎型）*Russula foetens*

毛头乳菇（胃肠炎型）*Lactarius torminosus*

球孢青褶伞（胃肠炎型）*Chlorophyllum sphaerosporum*

晶粒小鬼伞（胃肠炎型）*Coprinellus micaceus*

墨汁拟鬼伞（胃肠炎型）*Coprinopsis atramentaria*

毛头鬼伞（胃肠炎型）*Coprinus comatus*

洁小菇（胃肠炎型）*Mycena pura*

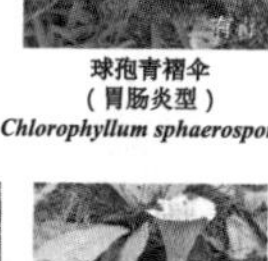
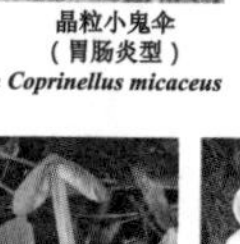

黄斑蘑菇（胃肠炎型）*Agaricus xanthodermus*

毛钉菇（胃肠炎型）*Gomphus floccosus*

变黑湿伞（胃肠炎型）*Hygrocybe conica*

丛生垂暮菇（胃肠炎型）*Hypholoma fasciculare*

五棱散尾鬼笔（胃肠炎型）*Lysurus mokusin*

角鳞灰鹅膏（胃肠炎型）*Amaninta spissacea*

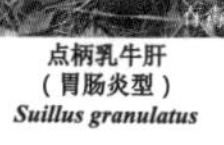

橙黄硬皮马勃（胃肠炎型）*Scleroderma citrinum*

苦粉孢牛肝菌（胃肠炎型）*Tylopilus felleus*

点柄乳牛肝（胃肠炎型）*Suillus granulatus*

褐环乳牛肝（胃肠炎型）*Suillus luteus*

皂味口蘑（胃肠炎型）*Tricholoma saponaceum*

赭红拟口蘑（胃肠炎型）*Tricholomopsis rutilans*

说明：上述毒蘑菇均为华北地区采集过、记载过并且很多种类发生过中毒事件的种类。

中国疾病预防控制中心
职业卫生与中毒控制所

北京市疾病预防控制中心 联合宣传

（注：图片来源于中国疾病预防控制中心）

电解质紊乱出现休克、昏迷，甚至死亡。此外，神经精神型毒蘑菇中毒后会看到奇怪景象，会出现兴奋、狂躁、幻视、幻听等表现。

在民间流传着许多辨别毒蘑菇的方法，比如看颜色和形状、看生长环境、用银器辨毒、看分泌物、看有无生蛆生虫等方法，可惜这些方法都不可靠。由于外形上很难将毒蘑菇和可食用野生菌区别开来，预防毒蘑菇中毒的根本办法是不要随意采摘或食用野生蘑菇，不可轻信不可靠的鉴别毒蘑菇的方法，不要在不能确定蘑菇来源的场所食用菌类食品。

一旦食用野生蘑菇出现中毒症状，中毒者要立即催吐，并尽快就医。若中毒者意识清醒可立即进行催吐急救，若中毒者出现昏迷则不宜进行人为催吐，以免引起窒息。而且一起食用过毒蘑菇的人，无论是否有中毒症状，都应该就医。就医时最好携带剩余蘑菇样品，以便鉴定蘑菇的种类，确定有效的治疗措施。

最后提醒大家，秋高气爽大家到山区游玩或是公园散步，见到野生菌不要采摘和食用。如果怀疑吃了毒蘑菇，要及时到正规医疗机构就诊。

路边的蘑菇不要采，珍爱生命，远离毒蘑菇！

谨防小个子大魔王——肉褐鳞环柄菇中毒

肉褐鳞环柄菇俗称肉褐鳞小伞，是我国北方最常见的剧毒蘑菇之一，虽然它个头比较小，但与剧毒的鹅膏菌一样，含有鹅膏毒素，可以造成急性肝损害，甚至多器官衰竭，是名副其实的“小个子大魔王”。

肉褐鳞环柄菇子实体小，带浅肉粉红色，菌盖直径2~6cm，菌肉薄，白色，菌褶离生。白色至污白色的菌盖上有褐色至暗褐色的鳞片呈近同心环状排列。无菌托且有菌环。它的形态主要有三个特点：菌柄与菌盖同色；菌柄下部有同色鳞片；菌柄中空。最大的特征是“小个子，头长草（鳞片），腿长毛（鳞片）”。肉褐鳞环柄菇生长在针叶树林地上，以松树最为常见，偶尔出现在杨树、枣树等阔叶树下。肉褐鳞环柄菇的外观与松蘑、榛蘑、香菇等可食用蘑菇非常相似，非专业人员难以辨别，容易误采误食，导致中毒。

肉褐鳞环柄菇一般于每年 7 月初至 9 月中旬出现在我国东北、华北等地区，以 8、9 月份最为集中。据中国疾控中心统计数据显示，2021 年 8 月底至 9 月初，我国北方吉林、山东、河北、山西等省连续发生数起因误食肉褐鳞环柄菇导致的中毒事件。

一旦误食肉褐鳞环柄菇，就会造成急性肝损害型中毒。中毒后可以出现以下临床表现：

（1）潜伏期

发病较慢，潜伏期一般在 6 小时以上。

（2）急性胃肠炎期

出现恶心、呕吐、腹痛、腹泻等胃肠道症状，严重者可能会出现酸碱紊乱、电解质紊乱、低血糖、脱水和低血压，此时肝功能相关指标往往正常。

（3）假愈期

此期，急性胃肠炎症状消失，患者往往自觉康复，但肝功能出现异常，谷草转氨酶、谷丙转氨酶和胆红素开始上升，肾功能开始恶化。

（4）内脏损害期

假愈期过后，患者重新出现腹痛、带血样腹泻等症状，病情迅速恶化，出现肝功能异常和黄疸、肝肿大，转氨酶急剧上升，肝肾功能恶化，凝血功能被严重扰乱，引起内出血，最后导致器官功能衰竭，甚至导致死亡。

（5）精神症状期

此期的症状主要是由于肝脏的严重损害出现肝性昏迷所致，病人主要表现为烦躁不安、表情淡漠、嗜睡，继而出现惊厥、昏迷，甚至死亡。

（6）恢复期

经过积极治疗的病人，一般在 2~3 周进入恢复期，各项症状体征逐渐消失而痊愈。

肉褐鳞环柄菇中毒在临床上存在假愈期，患者在呕吐、腹泻等急性胃肠炎期过后，自我感觉已康复，而体内已经出现严重的肝肾功能异常，救治不及时可能导致多器官功能衰竭，一旦错过最佳治疗期，后果极其严重。最可靠的避免毒蘑菇中毒的方法是坚决不采食野生蘑菇。若不慎吃了野生蘑菇感觉不适，应当立即就医，并告知医生野生蘑菇食用史，并提供野生蘑菇照片或样本，供相关部门鉴定，以利于临床救治。

最后，再次提醒大家，为了您和家人的健康，千万不要采食野生蘑菇，更不要把采摘的野生蘑菇送给亲朋好友“尝鲜”。

野菜虽美味，采食需谨慎

百姓的一个心理误区，就是一味地认为吃野菜有好处，野菜的苦味儿能去火，而且越苦越去火，但其实野菜的营养价值并没有比人工栽培的蔬菜高，而每年因误采误食野菜导致的中毒事件却频频发生。

野芹

在野外，有许多植物长得像我们常吃的食物，但是却有毒。比如我们常吃的水芹味道鲜美，它大多生长在水边。还有一种叫作野芹的植物，也叫石龙芮，与水芹很像。但野芹可不是野生芹菜的意思，它是有剧毒的。最明显的区分标志是野芹的茎上是毛茸茸的，而水芹没有。其次，野芹的叶子宽、短一些更像家芹，而水芹的叶齿细长茎也细长。野芹有非常显著的致痉挛作用，中毒后有头晕、呕吐、痉挛、皮肤发红、面色发青，最后出现麻痹现象，死于呼吸衰竭。

还有一种叫作萱草的有毒植物和黄花菜非常相似。这是因为它们是亲戚，都是萱草属植物。萱草属中除黄花菜外，其余多不可食用。萱草中含有大量秋水仙碱，烹饪加工很难去除的，如果误食了会产生口干、腹泻、头晕等症状。我们日常在花坛中见到的是大苞萱草或者金娃娃萱草等，都是有毒萱草。有经验的人，可以从花的形状上来区分黄花菜和萱草。黄花菜的花朵比较瘦长，花瓣较窄，花色嫩黄。而观赏用萱草的花则接近一些漏斗状百合，花色一般呈橘黄色，有的甚至接近红色。但是普通人非常容易将它们搞混。所以，切勿从花坛中采摘萱草来吃，以免中毒。

此外，新鲜黄花菜中也含有少量秋水仙碱，应该先制成干品，经过高温烹煮或炒制，才能食用。

黄花菜与萱草

再有一种植物叫曼陀罗，其全株有毒，种子、果实、叶、花含莨菪碱及少量东莨菪碱、阿托品等，其中种子毒性最强。曾有误将曼陀罗籽当作芝麻食用和小孩子误食曼陀罗花导致中毒的报道。曼陀罗中毒后主要表现为口干，吞咽困难，声音嘶哑，瞳孔散大，谵语幻觉，抽搐等。

曼陀罗

自然界中的植物千千万，在我国有明确文献记载的有毒植物就超过1300种。野菜中毒离我们每个人都不遥远，这些有毒的野菜在身边随处可见，在此提醒大家。

（1）不吃不认识或者没吃过的野菜，而且很多野菜属于中药材，一次不宜吃得太多。老年人、婴幼儿、孕产妇、哺乳期妇女尽量不吃或少吃野菜。

（2）公园里和路边的绿化带中往往会喷洒农药，建议大家不要随意在公园或路边采摘野菜食用，要到正规的超市、农贸市场购买野菜，不要随便在散商游贩处购买。

（3）如果不小心误食有毒野菜发生中毒，立刻采用催吐的方式进行急救，减少毒素的吸收，并尽快就医治疗。

菜豆种类多，加工不熟易中毒！

“一庭春雨瓢儿菜，满架秋风菜豆花。”每年 9 月之后，是菜豆（包括扁豆、四季豆、刀豆、油豆角等）丰收的季节。但同时，也是菜豆食物中毒高发的季节。

菜豆中含有皂苷、红细胞凝集素等天然植物毒素。皂苷对胃黏膜有强烈刺激性，红细胞凝集素则可破坏人体的红细胞，降低红细胞的携氧能力，使红细胞凝集引起中毒。菜豆中毒患者一般 2~4 个小时之内就会出现恶心、呕吐、腹痛、腹泻、头晕、头痛等多种不适症状。大多数情况下菜豆中毒症状较轻，患者可很快恢复健康，但受个体差异、食用量等因素的影响，症状严重时需要及时就医。

菜豆中的毒素比较耐热，只有将其加热到100℃并持续一段时间后才能破坏。所以预防菜豆中毒很简单，只需要记住四个字烧熟煮透，但这四个字却因为看起来简单而经常被人们忽视。居民在家炒菜豆时，每次加工量不要太大，尽量将菜豆切成丝或小段，用油煸炒后，加适量的水，盖上锅盖，保持100℃小火焖上超过10分钟，保证彻底均匀加热。最好不要焯烫后作为凉菜或冷面等直接食用。应特别注意油豆角的烹制，因为此种豆角豆荚厚实，豆粒饱满，一般的烹炒不容易将它彻底做熟，建议采用炖煮的烹饪方法。

再次提醒大家：加工菜豆一定要彻底加热，烧熟煮透，谨防菜豆中毒。

“苦瓠（hù）子”千万不能吃

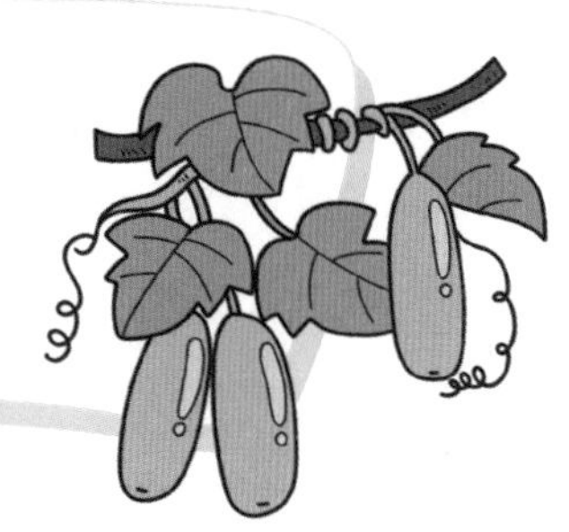

夏末秋初是有毒植物中毒的高发季节，今天，我们介绍一种在日常生活中容易被忽视的有毒植物——苦瓠子。

瓠子为何物？瓠子又名葫芦瓜，为长圆筒形，形如丝瓜，绿白色。瓠子有甜瓠和苦瓠之分。甜瓠子营养丰富，去掉外皮，肉质细嫩，是夏秋季节人们喜食的蔬菜。苦瓠有毒，不能进食。《本草纲目》记载；“瓠有甜有苦二种，苦瓠气味苦、寒，有毒”。

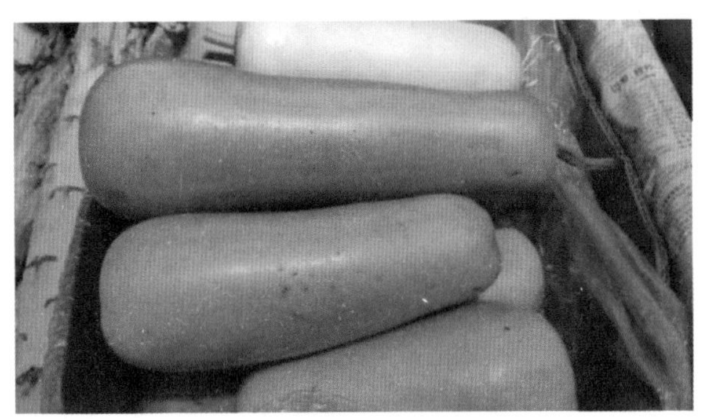

有的市民可能会受苦瓜的影响，吃到苦瓠子以为仅仅是味苦而已，甚至以为有苦味的瓜果像苦瓜一样，具有清热解毒的功效，对身体也有好处，其实大错特错。苦瓠子含有耐热的碱糖甙毒素，加热煮熟之后仍

有毒性，漂洗、加盐仍不能去除。苦瓠子中毒潜伏期一般为 10 分钟 ~2 小时，主要表现为胃部不适、恶心、呕吐、头晕、头痛；部分人在进食 3~4 小时后出现腹痛、腹泻，偶有手脚发麻、缓脉、浑身无力，中毒严重时可危及生命。

如何预防“苦瓠子”中毒？苦瓠与甜瓠外形极为相似，人们加工瓠瓜时，最好“先尝后做”，应先用舌尖舔尝鉴别其有无苦味，谨防有“苦瓠子”混入而引起食物中毒。煮熟的瓠子如发现有苦味不应食用，应连同锅里的其他食物都弃掉，以防食物中毒。

夏季旅行，如何预防食源性疾病?

外出旅行作息、饮食不规律，很容易发生腹泻。如果你不想在旅游时，到处找美食变成到处找厕所，就要谨防病从口入。这里给大家归纳出一些重要的旅游必备饮食安全常识!

一、正确购买食品

1. 关注卫生问题

外出旅游品尝当地特色美食是必不可少的环节，注意一定不要光顾无证无照的流动摊档和卫生条件差的饮食店。

2. 路边摊贩需谨慎

不随意购买、食用街头小摊贩现场制售的食品和饮料等。不购买有异色异味或来历不明的食品。

3. 散装食品有选择

选购散装食品时，尽量不买不食无防尘、防蝇、温控设施和在日光下暴晒的散装食品。

4. 关注重要信息

购买定型包装食品时注意查看是否标明厂名、厂址、生产日期和保质期等。

二、科学选择用餐地点

1. 查看必要证书

要想放心地大快朵颐，就餐时注意查看餐厅是否悬挂食品经营许可证，同时选择餐饮服务食品安全监督量化分级较高的餐厅。

2. 点菜进食需注意

点菜时尽量少吃或不吃凉菜、冷盘，选择蒸、炖、煮等烹调的菜肴，不生食动物性食品和水产品。在进食的过程中如发现感官性状异常，应立即停止进食。

三、不要随便采食野果、野菜、野蘑菇

野果、野菜、野生蘑菇等通过外形、颜色很难分辨是否有毒。有的外观朴素，实则剧毒无比，一旦误食，轻则会出现呕吐、腹泻等胃肠道症状，重则导致肝肾等重要器官功能损害，甚至死亡。

四、饭前便后要洗手

饭前便后要洗手，这个我们从小就知道，外出旅游更要注意，养成吃东西前洗手的习惯。洗手要用流动的水，加洗手液或肥皂，用七步洗手法，洗彻底、洗干净才能减少病从口入的机会。

五、注意合理膳食、荤素搭配

1. 膳食合理搭配

外出旅游的消费者由于行程多、起早贪黑，身体劳累，其机体免疫

力和消化功能都会有所下降，就餐时除注意饮食卫生外，还要注意合理膳食，荤素搭配。

2. 蔬菜水果要常吃

记得多吃蔬菜水果，保证维生素的摄入，生食瓜果蔬菜应用洁净的水彻底清洗，不具备清洗条件时水果并尽可能去皮，不吃腐烂变质的水果。

六、天气炎热，多喝白开水

夏季各地陆续进入高温模式，一定要记得多喝水，保证水分的充足摄入，少喝含糖饮料，可以选择瓶装水。也可以自带水杯，在餐馆用餐时加满白开水。

如你能掌握这些夏季旅游饮食安全常识，保你轻松赏景、品美食，拥有完美的旅行。但如果不幸在旅游时出现恶心、呕吐等急性胃肠炎症状，就要及时到正规的医疗机构就诊，同时暂停行程，安心休息等到症状完成消失，切不可带病继续旅行，以免造成严重的健康损害。

三、带你走出食品安全认知误区

食品防腐剂是隐形毒药吗?

虽然人们常用吃了防腐剂来形容颜值“冻龄”的人，可面对真正的食品防腐剂时却因担心它是隐形毒药而避之不及。可事实真的如此吗?没有防腐剂的食品真的更好吗?

其实，食品中使用防腐剂是食品工业不断发展的成果，合理使用防腐剂能抑制有害微生物的生长，防止这些有害微生物产生健康危害，延长食品保存期。对于防腐剂的使用，我国有严格的食品安全风险评估和标准规范等管理制度。在现代工业生产中，防腐剂等食品添加剂的使用也都是严格按照其规定的使用范围和使用量添加的，不会对我们的健康造成危害，可谓是安全的保鲜神器。

与工业化规范生产加工的食品相比，用盐腌、糖渍、油浸等高盐、高糖、高油方式延长保存期的食品反而存在健康隐患，更值得警惕。也有些水分含量高、营养丰富的食品，如蛋糕、火腿肠等，若不使用防腐剂，很可能还没出厂就已腐败变质，更不安全。此外，像纯净水、蜂蜜、纯牛奶等食品更没必要担心其中的防腐剂问题，因为它们本身就不需要或不允许使用防腐剂。

所以说，是否添加防腐剂并不是衡量食品优劣的尺子，防腐剂更不是隐形毒药，大家不必谈腐色变。

隔夜菜能吃吗？

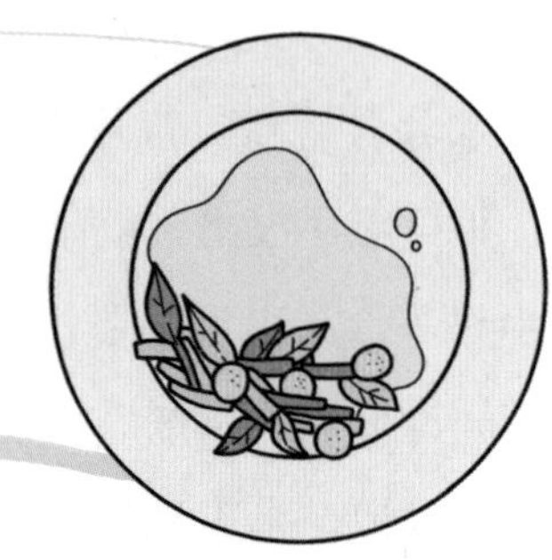

随着人们对健康意识的提升，隔夜菜是否健康的问题，越来越受到人们的关注。隔夜菜的关注点主要在于亚硝酸盐，细菌会分解隔夜菜中的含氮物质，从而产生亚硝酸盐。下面通过两个实验来检测隔夜菜中的亚硝酸盐。

实验 1：观察常温下不同存放时间下亚硝酸盐含量变化。

我们选择了下面四类菜肴：

第一类肉类：香酥鸭；

第二类豆制品：烧豆腐；

第三类非叶类蔬菜：红烧茄子、蒜蓉西兰花；

第四类叶菜类：炒油菜。

分别在刚出锅、室温放置 6 小时、24 小时、48 小时后测定这些饭菜的亚硝酸盐含量。6 小时模拟的是放一个上午的剩菜；24 小时模拟的是放一整天的饭菜；48 小时模拟的是放 2 天的剩菜。我们来看看亚硝酸盐含量的变化。

使用亚硝酸盐快速检测方法，如果食物中含有亚硝酸盐，溶液就会变成红色，颜色越深表明亚硝酸盐含量越高，与标准色卡比较估算含量。

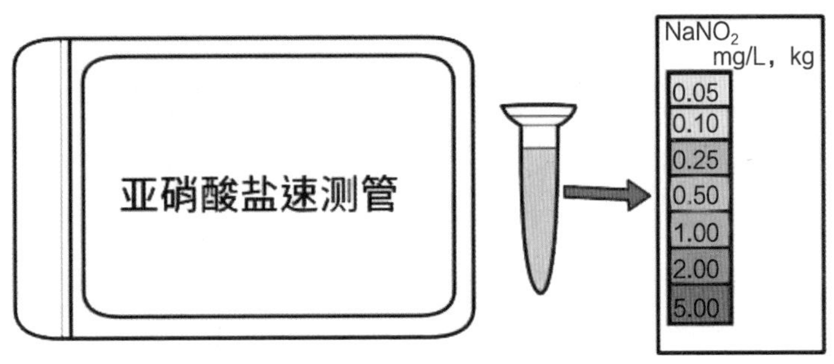

实验结果显示，第一类肉类，就算放了 48 小时后仍未检出亚硝酸盐。其他三类菜品，都会产生亚硝酸盐，且随着放置时间的延长，含量逐渐增加。第三类非叶类蔬菜亚硝酸盐含量较低，第二类豆制品居中，第四类叶菜类亚硝酸盐含量最高。

实验 2：观察不同储存温度（常温、冷藏和冷冻）下亚硝酸盐含量变化。

我们以最容易产生亚硝酸盐的炒油菜为例，将炒油菜在常温、冷藏和冷冻条件下，都放置 48 小时后，检测亚硝酸盐含量。实验结果显示，冷冻放置的香菇油菜产生的亚硝酸盐最少，常温最多。

通过上面两个实验我们对隔夜菜的态度是，隔夜菜可以吃，但要注意：

（1）叶菜最好现做现吃，吃不完的要放进冰箱并尽早食用。

（2）存放时间过长的隔夜菜，您最好别吃了，因为就算剩菜中的亚硝酸盐不会对身体造成危害，其中的细菌也可能会造成身体不适。

（3）如果是准备第二天要带的菜，最好选择带肉类和非叶类蔬菜，而且要冷藏保存。

能把食药物质当药吃吗?

近年来，在健康中国的一系列政策推动下，人们对健康的重视程度越来越高，养生、食疗、食养、药膳等健康概念也逐渐火了起来。在这其中，就有一个名词——“食药物质”，大家听说过吗?

食药物质的全称是按照传统既是食品又是中药材的物质，也称作药食同源，药食同源的意思是食物和药物具有同源性。

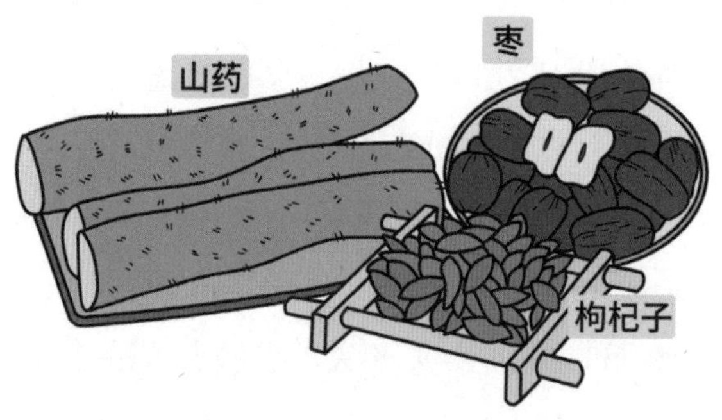

许多食物也即药物，它们之间没有绝对的界限。唐代《黄帝内经·太素》调食篇写道：“五谷、五畜、五果、五菜，用之充饥则谓之食，以其疗病则谓之药”，药食同源是一种传统就有的食疗养生观念，自然界的可食用物质逐渐被人们认识，概念也逐渐清晰，药食两用物质的概念也逐

渐形成，并延续至今。

在我国传统饮食文化中，一些中药材在民间往往作为食材广泛食用，即按照传统既是食品又是中药材的物质。国家卫生健康委会同国家市场监管部门公布了食药物质的目录、公告或名单。目前，国家法定的食药物质目录一共是 93 种：

（1）2002 年《卫生部关于进一步规范保健食品原料管理的通知》既是食品又是药品的物品名单（87 种）

丁香、八角茴香、刀豆、小茴香、小蓟、山药、山楂、马齿苋、乌梢蛇、乌梅、木瓜、火麻仁、代代花、玉竹、甘草、白芷、白果、白扁豆、白扁豆花、龙眼肉（桂圆）、决明子、百合、肉豆蔻、肉桂、余甘子、佛手、杏仁（甜、苦）、沙棘、牡蛎、芡实、花椒、赤小豆、阿胶、鸡内金、麦芽、昆布、枣（大枣、酸枣、黑枣）、罗汉果、郁李仁、金银花、青果、鱼腥草、姜（生姜、干姜）、枳椇子、枸杞子、栀子、砂仁、胖大海、茯苓、香橼、香薷、桃仁、桑叶、桑葚、橘红、桔梗、益智仁、荷叶、莱菔子、莲子、高良姜、淡竹叶、淡豆豉、菊花、菊苣、黄芥子、黄精、紫苏、紫苏籽、葛根、黑芝麻、黑胡椒、槐米、槐花、蒲公英、蜂蜜、榧子、酸枣仁、鲜白茅根、鲜芦根、蝮蛇、橘皮、薄荷、薏苡仁、薤白、覆盆子、藿香。

（2）关于当归等 6 种新增按照传统既是食品又是中药材的物质公告（6 种）

当归等 6 种新增按照传统既是食品又是中药材的物质目录

序号	名称	植物名 / 动物名	拉丁学名	所属科名	部位	备注
1	当归	当归	*Angelica sinensis*（*OLIV.*）*Diels*	伞形科	根	仅作为香辛料和调味品

续表

序号	名称	植物名 / 动物名	拉丁学名	所属科名	部位	备注
2	山柰	山柰	*Kaempferia galanga L.*	姜科	根茎	仅作为香辛料和调味品
3	西红花	番红花	*Crocus sativus L.*	鸢尾科	柱头	仅作为香辛料和调味品，在香辛料和调味品中又称“藏红花”
4	草果	草果	*Amomum tsaoko Crevost et Lemarie*	姜科	果实	仅作为香辛料和调味品
5	姜黄	姜黄	*Curcuma longa L.*	姜科	根茎	仅作为香辛料和调味品
6	荜茇	荜茇	*Piper longum L.*	胡椒科	果穗	仅作为香辛料和调味品

备注：列入按照传统既是食品又是中药材的物质目录的物质，作为食品生产经营，应当符合《食品安全发》的规定。

当归、山柰、西红花、草果、姜黄、荜茇等 6 种物质纳入按照传统既是食品又是中药材的物质目录管理，仅作为香辛料和调味品使用。

请大家留意，除上面这 93 种食药物质外，其他的目前均不是食药物质。

虽然食药物质兼具食品和药品的属性，但它本质上仍为食品，所以不能依靠食药物质来治疗或预防疾病。当然，食药物质中含有的生物活性成分等对于改善人体健康或有一定帮助，也推荐大家适当食用食药物质，但是过犹不及，什么东西吃多了都是没有好处的，大家要掌握科学、合理、适度的原则。此外，孕妇、哺乳期妇女及婴幼儿等特殊人群在食用食药物质时也应更加谨慎。

国家也明确规定，食药物质作为食品生产经营时，其标签、说明书、广告、宣传信息等不得含有虚假宣传内容，不得涉及疾病预防、治疗功能。食药物质作为保健食品原料使用时，应当按保健食品有关规定管理；作为中药材使用时，应当按中药材有关规定管理。所以，消费者在选购含有食药物质的产品时要注意甄别，科学选择食药物质产品，让食药物质成为日常生活中安全、营养、健康的食品选择。

冰箱是保险箱吗？

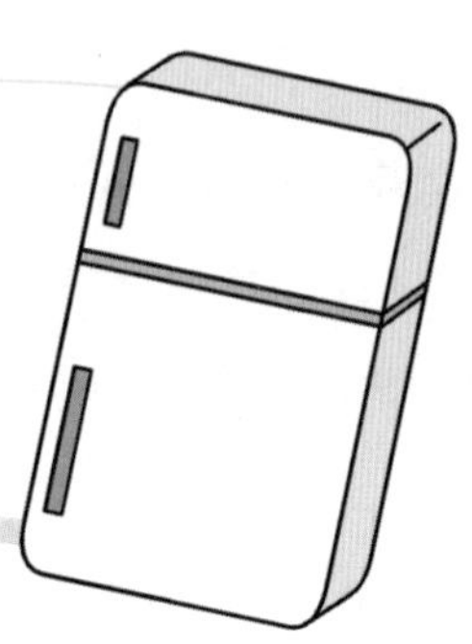

进入夏季，气温逐渐升高，冰箱成为防暑降温之必备神器，从冰箱取出的冷饮、水果、冰激凌，来一个透心凉，实在是痛快。很多人习惯地认为冰箱就是“保险箱”，食物储存其中是安全的，无论是生、熟食品，只要放入冰箱的食物就不会腐败变质。这种想法是错误的。多项调查结果显示，冰箱内部是家庭卫生污染重地！长期不清洗、物品乱摆放，为食源性致病菌提供了温床！

冰箱保存食物的基本原理是通过降低温度来抑制微生物的生长繁殖，然而自然界还存在一部分嗜冷细菌，例如单增李斯特菌和小肠结肠炎耶尔森菌，他们在4℃左右还能够生长繁殖。平时我们食用的肉奶蛋和蔬菜水果本身都含有一定量的微生物，以小肠结肠炎耶尔森菌为例，小肠结肠炎耶尔森菌非常喜欢冷，冰箱冷藏室（4℃）存放5天后，细菌载量可由10cfu/毫升增至1.0×10^7cfu/毫升（请注意：我的数量级是千万！），即便在冷冻的食品中（-18℃）也能保持其致病性长达数月之久。它污染食品后，即使在冰箱中也能继续生长繁殖，如果食用之前没有加热或者清洗干净，容易引起疾病，主要表现为腹泻、肠炎等。重者可引起呼吸系统、心血管系统的并发症。

冰箱不是保险箱，冰箱保存食物需要做到以下几点：

（1）生熟分开，分区分类有序存放

冰箱内的食品摆放应分类分区，生熟分开，防止交叉污染。可用塑料袋、保鲜膜或保鲜盒封装。熟食、饮料放最上层，蔬菜 / 水果可放在下层抽屉，适当保持水分。豆制品、乳制品、蛋类不要放置在冰箱门里（温度偏高），可置于中层后壁处。当天准备食用的肉类、水产等可以装袋短暂存放在冷藏室，而短时间内不准备食用的馒头、肉类等食物放冷冻室。

（2）食物不宜摆满

冰箱内食物不要放得太满，要留一些空隙，保持七八成满即可，以保证食物内部达到理想温度，同时注意减少开门的次数和时间。

（3）定期清理冰箱

冰箱应定期清理、除菌，夏季建议每周一次。正确的流程是断电、清空、用小苏打或者洗洁精彻底清洗冰箱内部并风干。注意：不留死角，冰箱门上的橡胶密封圈和缝隙也要记得清洗！

冰箱不是保险箱，更不是无菌箱，如果使用不得当，当心冰箱变“病”箱！

不粘锅涂层破损后还能继续用吗？

不粘、省油、好清洗，让人们对不粘锅爱不释手，可使用一段时间后，经常会发现锅底出现划痕或破损，这样的不粘锅有毒有害么？还能继续用么？

目前最常见的不粘锅涂层是聚四氟乙烯，也叫特氟龙，它耐高温、抗酸碱，是一种性质稳定的高分子聚合物。符合国家标准的特氟龙涂层性质很稳定，在日常的烹饪过程中一般不会分解出有害物质，并且特氟龙不能被人体消化吸收，即便误食了脱落的颗粒，也会通过粪便直接排出，可以放心使用。

GB 4806.10-2016 食品安全国家标准食品接触用涂料及涂层

序号	中文名称	CAS 号	SML/QM mg/kg	SML（T）mg/kg	SML（T）分组编号	其他要求
89	聚四氟乙烯	9002-84-0	0.05（四氟乙烯：SML）；0.2（氟：SML）；0.01（六价铬：SML）			涂覆于铝板、铁板、不锈钢等金属表面，经高温烧结，使用温度不得高于250℃

但不粘锅的涂层发生破损会严重影响其不粘的效果，食物易在涂层脱落的地方发生焦糊，可能会增加丙烯酰胺等致癌物产生的机会，也给清洗带来很大的困难，加重涂层的脱落。

所以，为更好地保护不粘锅涂层，建议使用时尽量避免干烧、刮擦或冷热交替。如发现涂层破损，记得及时更换新锅！

第二部分　营养与健康

一、教你做家庭营养师

平衡膳食 三餐巧搭配

有没有一种食物包含人类需要的全部营养素？从营养学上看，没有一种食物是完全能够满足人类健康的营养要求的。人类必须从多种多样的食物中获得全面均衡的营养素，才能保证身体健康。

食物多样指一日三餐膳食的食物种类全、品样多，是平衡膳食的基础，应由五大类食物组成：第一类为谷薯类，包括谷类（含全谷物）、薯类与杂豆；第二类为蔬菜和水果；第三类为动物性食物，包括牲畜、禽、鱼、蛋、奶；第四类为大豆类和坚果；第五类为烹调油和盐。我们每日的膳食任何一类都不应该缺少，任何一类又都不能过多。

如何合理安排健康的膳食呢？建议大家还是按照《中国居民膳食指南（2022）》和平衡膳食餐盘（2022）的要求去做。

1. 食物多样化，每天至少摄入食物 12 种以上，每周达到 25 种以上，烹调油和调味品不计算在内。谷类每天 200~300 克，其中全谷物和杂豆 50~150 克，薯类 50~100 克。

2. 餐餐有蔬菜，每天 300~500 克，每天吃 5 种以上，深色蔬菜要过半。天天吃水果，每天 200~350 克，果汁不能代替鲜果。

不同食物类别每周 / 每天推荐摄入种类

食物类别	平均每天摄入的种类数	每周至少摄入的种类数
谷类、薯类、杂豆类	3	5
蔬菜、水果	4	10
畜、禽、鱼、蛋	3	5
奶、大豆、坚果	2	5
合计	12	25

3. 鱼、禽、蛋、瘦肉等动物性食物摄入要适量，平均每天 120~200 克。每周最好吃鱼 2 次或 300~500 克，蛋类 300~350 克，畜禽肉 300~500 克。少吃深加工肉食品。每天一个鸡蛋，吃鸡蛋不弃蛋黄。优先选择鱼，少吃肥肉、烟熏和腌制肉制品。

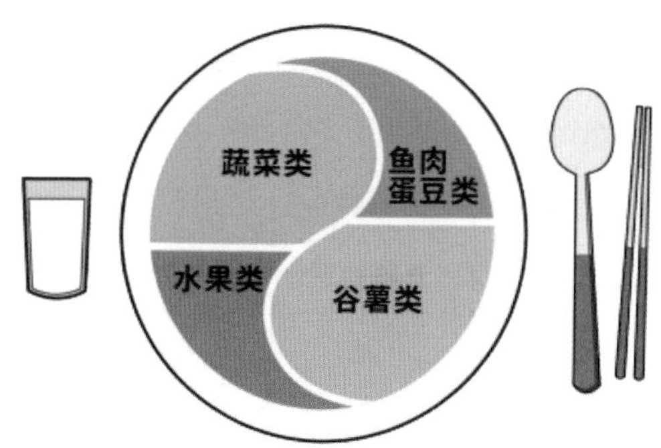

4. 吃各种各样的奶制品，摄入量相当于每天 300 毫升以上液态奶。

5. 少盐少油，控糖限酒。培养清淡饮食习惯，少吃高盐和油炸食品。成年人每天摄入食盐不超过 5 克，烹调油 25~30 克。控制添加糖的摄入量，每天不超过 50 克，最好控制在 25 克以下，不喝或少喝含糖饮料。反式脂肪酸每天摄入量不超过 2 克。儿童青少年、孕妇、乳母以及慢性病患者不应饮酒。成年人如饮酒，一天饮用的酒精量不超过 15 克。

6. 足量饮水，少量多次。在温和气候条件下，低身体活动水平的女性每天喝水1500毫升，男性每天喝水1700毫升。推荐喝白水或茶水，少喝或不喝含糖饮料，不用饮料代替白水。

倾情奉送三餐带量食谱

第一日

	菜名	配料
早餐	西红柿疙瘩汤	小麦30克　番茄20克　油菜（小）10克　鸡蛋（红皮）25克　菜籽油2克　精盐0.5克
	猪肉烧麦	酱油（均值）1克　姜1克　小麦粉（标准粉）20克　猪肉（肥瘦）（均值）10克　黄酱1克　绍兴黄酒（15度）1克　糯米（均值）20克
	蒜香苦瓜	苦瓜100克　大蒜10克　花生油1克
	紫薯	紫薯50克
早加餐	水果拼盘	龙眼66克　橘子34克
	酸奶（脱脂）	酸奶（脱脂）200克
午餐	绿豆杂粮饭	粳米（标一）50克　绿豆15克
	东北乱炖	茄子（均值）50克　豆瓣酱3克　猪肉（肥瘦）（均值）40克　玉米油3克　大蒜5克　精盐0.5克　马铃薯20克　豆角30克　番茄10克　大白菜（白梗）20克
	豆皮炒芥菜	豆腐皮50克　芥菜100克　葵花籽油2克　精盐1克
	冬瓜虾皮汤	冬瓜50克　虾皮2克　细香葱2克　枸杞子2克　花生油2克
下午加餐	混合坚果	核桃（干）2克　杏仁（大）2克　腰果2克　花生仁（炒）2克　葵花子仁1克　南瓜子仁1克
	芒果	芒果100克

续表

	菜名	配料
晚餐	红烧黄鱼	花生油 3 克　黄酒（均值）2 克 酱油（均值）1 克　黄鱼（大黄花鱼）75 克
	玉米发糕	小麦粉（标准粉）75 克　白砂糖 5 克 枣（午）3 克　玉米（黄，干）25 克
	清炒圆白菜	甘蓝 100 克　葵花籽油 2 克　精盐 0.5 克
	紫菜香葱汤	紫菜（干）3 克　细香葱 5 克　精盐 0. 克
	木耳炒时蔬	木耳（水发）30 克　甜椒 20 克　黄瓜 5 克　洋葱 5 克 甘蓝 20 克　胡萝卜（红）20 克　香醋 3 克　精盐 0.5 克 橄榄油 2 克
晚加餐	酸奶（脱脂）	酸奶（脱脂）100 克
	香蕉	香蕉 100 克

第二日

	菜名	配料
早餐	自制豆腐脑	豆腐脑 250 克　木耳（干）2 克　酱油（均值）1 克 金针菜 1 克
	蒜蓉西蓝花	西兰花 100 克　大蒜 5 克　小麦 80 克　鸡蛋（红皮）25 克
	什锦素包	小麦 80 克　鸡蛋（红皮）25 克　胡萝卜（红）25 克 大白菜（均值）25 克　木耳（水发）20 克　精盐 0.5 克
	紫薯	紫薯 50 克
早加餐	白粉桃	白粉桃 100 克
	酸奶（脱脂）	酸奶（脱脂）200 克
午餐	肉片平菇	平菇 150 克　猪肉（里脊）50 克　胡萝卜（红）50 克 玉米淀粉 1 克　胡椒粉 1 克　酱油（均值）3 克 黄酒（均值）1 克　菜籽油 5 克

续表

	菜名	配料
午餐	地三鲜	茄子（圆）100 克　甜椒 25 克 马铃薯 25 克　玉米油 5 克　精盐 0.5 克
	白菜豆腐汤	豆腐（南）50 克　精盐 1 克　大白菜（青白口）20 克
	大麦杂粮饭	稻米（均值）60 克　大麦 3 克
下午加餐	混合坚果	核桃（干）2 克　杏仁（大）2 克　腰果 2 克 花生仁（炒）2 克　葵花子仁 1 克　南瓜子仁 1 克
	水果拼盘	香蕉、橘子、蜜橘 34 克　香蕉 66 克
晚餐	茄汁带鱼	带鱼 75 克　番茄酱 10 克　大葱 5 克　大蒜 6 克 姜 12 克　茶油 6 克　酱油（高级）3 克　精盐 1 克
	清炒快菜紫甘蓝	小白菜 50 克　甘蓝 50 克　精盐 0.5 克　豆油 5 克
	紫米馒头	绵白糖 3 克　黑米 30 克　小麦粉（标准粉）60 克
晚加餐	酸奶（脱脂）	酸奶（脱脂）100 克
	葡萄（均值）	葡萄（均值）100 克

第三日

	菜名	配料
早餐	猪肉包子	小麦粉（特二粉）60 克　猪肉（后臀尖）25 克 大葱 15 克　精盐 0.5 克
	拌海带丝	海带（浸）100 克　大葱 1 克 精盐 0.5 克　醋（均值）5 克
	紫米大米粥	黑米 20 克　稻米（均值）20 克
	紫薯	紫警 50 克
早加餐	水果拼盘笑脸	香蕉 20 克　中华猕猴桃 50 克　橘子 30 克
	酸奶（脱脂）	酸奶（脱脂）100 克

续表

	菜名	配料
午餐	口蘑披萨	平小麦 80 克　奶酪 20 克　番茄酱 10 克 口蘑（白蘑）20 克　色拉油 6 克
	白灼虾	基围虾 75 克　小葱 2 克　酱油（均值）3 克
	荷塘小炒	藕 75 克　木耳（水发）25 克　甜椒 30 克 荷兰豆 20 克　精盐 1 克　菜籽油 5 克
	酸奶（脱脂）	酸奶（脱脂）200 克
下午加餐	龙眼	龙眼 100 克
	炒合菜	鸡蛋（红皮）25 克　绿豆芽 50 克　甜椒 20 克　韭菜 20 克 粉条 10 克　木耳（水发）10 克　橄榄油 5 克　精盐 0.5 克
晚餐	豇豆烧茄子	豇豆（长）50 克　茄子（紫皮，长）100 克 酱油（高级）2 克　精盐 0.5 克　玉米油 3 克
	冬瓜丸子汤	猪肉（里脊）25 克　玉米淀粉 2 克　精盐 0.5 克 冬瓜 50 克
	红豆杂粮饭	粳米（标一）70 克　赤小豆 30 克
晚加餐	混合坚果	核桃（干）2 克　杏仁（大）2 克　腰果 2 克 花生仁（炒）2 克　葵花子仁 1 克　南瓜子仁 1 克
	樱桃	樱桃 100 克

三餐一定要吃，还要吃饱吃好！畅享美食，健康成长，还要不长胖。

健康生活，科学吃碳水

相信大家一定看到过“0 碳水”“低碳水”“精制碳水”等词汇。到底什么是“碳水”？怎样科学吃“碳水”？是很多人关心的问题。

碳水化合物是人体必需的营养素之一，与我们的身体健康息息相关，让我们一起来了解一下什么是碳水化合物。碳水化合物也称糖类，它并不是一种物质，而是一个大家庭。碳水化合物的家族中有糖、寡糖和多糖三个重要分支。糖又可分为单糖、双糖。单糖主要有葡萄糖、果糖等。双糖有蔗糖、麦芽糖、乳糖等。寡糖是由几个单糖聚合而成，如麦芽糊精、低聚果糖、低聚半乳糖等。多糖是由多个单糖聚合而成，包括淀粉、纤维素、果胶等。

碳水化合物对于人类，就像电池对于手机一样，是最主要的能量来源。碳水化合物是构成机体组织的重要物质，每个细胞中都有碳水化合物参与多种活动。碳水化合物摄入不足时，可能导致脂肪在代谢过程中出现酮体蓄积，出现酮症酸中毒。并且，碳水化合物短缺时，人体会额外消耗蛋白质提供能量，蛋白质是一切生命的物质基础，如果因为提供能量而被过多消耗，造成缺乏，会对人体器官产生不利影响，可能导致乏力、免疫力下降，甚至更严重的健康问题。

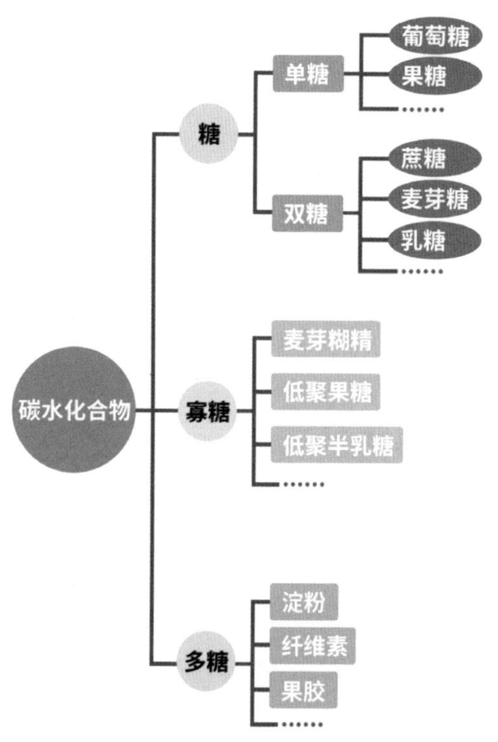

还有一类特殊的碳水化合物——膳食纤维，这类碳水化合物虽然不能被消化吸收，但是对人体具有健康意义，可以增加饱腹感，促进肠道蠕动、缓解便秘。

所以碳水化合物要吃，问题是怎样科学地吃“碳水”？

（1）总量适宜

中国居民膳食指南核心推荐的第一条就是食物多样，合理搭配。坚持谷类为主的平衡膳食模式，成年人每天摄入谷类 200~300 克，其中全谷物和杂豆 50~150 克，薯类 50~100 克。膳食中碳水化合物提供的能量应占总能量的 50%~65%。不能太多，也不能太少。谷类作为主食可以保证我们的能量供应，“碳水”摄入量达标，可增加饱腹感从而减少脂肪的摄入，能够降低心血管和糖尿病发生的风险，所以我们每天三顿饭都要吃主食，长期无谷类的低碳水饮食，不利于健康。

（2）关注质量

有人认为“碳水”是肥胖的元凶。可是长胖的锅可不能都让碳水背，要知道，能量摄入大于能量消耗会导致肥胖。作为产能营养素，碳水化合物或脂肪摄入过多，都可能导致肥胖。碳水化合物是一个大家族，碳水化合物的类型和质量才更加关键。精制谷物去除了谷物中富含膳食纤维、维生素营养等成分的外层，仅保留淀粉含量最高的胚乳部分，淀粉和糖是纯能量食物。摄入过量的淀粉、糖、精制谷物等“精制碳水”有引发超重肥胖的风险。从营养学的角度，对于健康成人，倡导吃全谷物、杂豆、薯类、蔬菜、水果等结构相对复杂的“碳水”。

（3）减少添加糖

食物加工过程中添加的糖被称为添加糖。研究表明添加糖摄入过多会增加患龋齿、肥胖、糖尿病等疾病的风险。应该不喝或少喝含糖饮料，不吃或少吃高糖食品，做饭时少加糖。每日摄入添加糖不超过 50g，最好少于 25g。

健康饮食“薯”第一

傍晚回家路上，凛冽的寒风一阵阵地吹过，让人瑟瑟发抖，街边飘来一股烤红薯的香味实在诱人。一块大大的烤红薯，捧在手里可以暖手，吃到肚里可以暖胃。

红薯、土豆、芋头、山药都是薯类。哪个营养好？怎样合理搭配？

一、薯类的营养

我们先来看看薯类的营养。常见的薯类有马铃薯（土豆）、甘薯（红薯、山芋）、芋头和山药等。目前，我国居民马铃薯和芋头又常被作为蔬菜食用。

营养误区：有人说，“薯类没什么营养，就是淀粉，多是碳水化合物”。

其实不然，薯类中碳水化合物含量在15%左右，蛋白质、脂肪含量较低，比如100克米饭含有蛋白质2.6克，100克红薯含有蛋白质0.7克，摄入同等量的红薯和米饭，红薯的蛋白质含量不足米饭的三分之一；土豆中钾的含量也非常丰富，可以达到米饭的十几倍，薯类中的维生素C含量较谷类高，红薯中的胡萝卜素含量比米饭高出百倍。

薯类中还含有丰富的膳食纤维（包括可溶性和不可溶性膳食纤维），

如纤维素、半纤维素和果胶等，是肠道益生菌生长的好伙伴——益生元，有助于肠道益生菌的健康生长，膳食纤维还可促进肠道蠕动，预防便秘的发生。

研究发现增加10克膳食纤维，心血管疾病死亡率下降25%。膳食纤维可以减少人体对脂肪和胆固醇的吸收，同时减少心血管疾病的风险，帮助我们控制血脂。

薯类食物富含膳食纤维对便秘人群有帮助：有研究发现每人每天进食200克红薯能使首次排便时机显著提前，降低大便干硬、排便困难的发生率。增加薯类的摄入可以起到润肠通便的作用，对于控制血压、保护心血管以及保持肠道健康也是非常不错的。

各种100克薯类与米饭的营养比较

	能量（kcal）	碳水化合物（g）	蛋白质（g）	脂肪（g）	膳食纤维（g）	维生素C（mg）	钾（mg）	胡萝卜素（μg）
米饭（蒸）	116	25.9	2.6	0.3	30	0	30	0
红薯	61	15.3	0.7	0.2	2.5	4	88	750
土豆（蒸）	69	15.3	3	Tr	1.8	30	484	0
芋头（煮）	60	13	2.9	0.1	5.1	Tr	317	0
山药	57	12.4	1.9	0.2	3.9	5	213	20

膳食纤维数据来源于美国农业部食物成分数据 http://fdc.nal.usda.gov/fdc-app.html#/

二、适宜的摄入量和健康的烹调方式

薯类食物在《中国居民膳食指南（2022）》中推荐成人每天摄入50~60克。建议健康成年人用薯类代替一部分精细米面的主食。

红薯虽好，也不要过量！一大块重量500克的红薯烤后重量约400

克，能量 305 千卡，相当于 262 克米饭。所以建议进食薯类的同时减少部分主食的摄入。此外，烹饪方式也很重要，同为 200 千卡的蒸红薯、油炸薯条和薯片，他们的分量完全不同。200 千卡能量 =172 克米饭 = 263 克蒸红薯 =67 克薯条 =33 克薯片。最好是使用蒸、煮、炖的烹饪方式。不宜多吃油炸薯条、油炸薯片、网红芝士焗红薯等这样高能量食品。

三、薯类搭配

薯类搭配，粗细结合，营养更均衡。薯类蛋白质含量偏低，我们可以搭配蛋白质丰富的蛋类、豆类、奶类和肉类等一起进食。

01 薯类主食化

马铃薯、红薯、芋头、山药等经蒸、煮或烤后，可直接作为主食食用，也可以制成创意菜，比如红薯紫薯卡通豆包、红薯紫薯奶香馒头、红薯鸡蛋面条等。近年来，专家们通过几番努力，已经开发出了许多以马铃薯为主要成分的主食产品，例如马铃薯粉全粉添加比例超过 50% 的馒头、面条、米粉，甚至在一些地区已经可以买到含马铃薯粉的饺子、饼、凉皮等。

02 薯类作菜肴

家常菜中有多种土豆菜肴，炒土豆丝就是许多朋友最爱。薯类还可与蔬菜或肉类搭配烹调，比如土豆烧牛肉、山药炖排骨、芋头炖肉。

03 薯类作零食

比如红薯干。

四、温馨提示

薯类要适量摄入，一次吃得过多会出现反酸、烧心、腹胀，我们通过调味料的搭配（吃一些低盐榨菜）和控制薯类的总摄入量（每天100克），就可以避免反酸烧心这个现象的发生。

吃蔬菜也有讲究：教你更好地留住蔬菜营养

我们一日三餐都离不开蔬菜，蔬菜可以提供给我们丰富的维生素和膳食纤维。那该怎么吃才能发挥出蔬菜最大的营养价值呢?《中国居民膳食指南（2022）》中推荐餐餐有蔬菜，每天300~500克，每天吃5种以上，深色蔬菜要过半。

1. 应当尽量挑选新鲜的应季蔬菜

应季蔬菜颜色鲜亮，如同鲜活有生命的植物一样，其水分含量高、营养丰富、味道清新，食用这样的新鲜蔬菜对人体健康益处多。

如果蔬菜放置的时间过长，不但水分丢失，口感不好，有些营养素也减少了。当蔬菜发生腐烂时，还会导致亚硝酸盐含量增加，对人体健康不利。所以，蔬菜尤其是绿叶蔬菜最好当天购买当天吃，储存最好不超过一周。

2. 最大化地发挥可以生吃蔬菜的营养价值

比如西红柿、黄瓜、生菜等蔬菜，可在洗净后直接食用，作为饭前饭后的零食和茶点。既保持了蔬菜的原汁原味，还能带来健康益处。尽量用流动水冲洗蔬菜，不要在水中长时间浸泡。切后再洗会使蔬菜中的水溶性维生素和矿物质从切口处流失过多，所以要记得先洗后切。洗净后尽快加工处理和食用，最大程度地保留营养素。

3. 蔬菜的烹饪方式也很重要

加热烹调除了改变食物口感和形状外，也会造成维生素的破坏，在一定程度上可降低蔬菜的营养价值。所以要根据蔬菜特性来选择适宜的加工处理和烹调方法，尽可能地保留蔬菜中的营养物质。蔬菜中的水溶性维生素（如维生素 C、B 族维生素）对热敏感，加热时间过长、温度过高都会增加营养的损失。因此掌握适宜的温度，水开后蔬菜再下锅更容易保持营养。所以，炒菜时尽量选择急火快炒的方式，缩短蔬菜的加热时间，减少营养素损失。但是有些豆类蔬菜，如四季豆就需要充分加热，以分解天然毒素。

已经烹调好的蔬菜应尽快食用，连汤带菜一起吃。现做现吃，避免反复加热，这不仅是因为维生素会随储存时间延长而丢失，还可能因细菌作用增加亚硝酸盐的含量。

4. 腌菜和酱菜不能替代新鲜蔬菜

腌菜和酱菜是一种储存蔬菜的方式，也是风味食物，但是在制作过程中，会使用大量食盐，会导致蔬菜中的维生素损失。因此腌菜和酱菜不能替代新鲜蔬菜，少吃腌菜和酱菜，也有利于降低盐的摄入。另外，像土豆、芋头、山药、南瓜、百合、藕、菱角等蔬菜的碳水化合物含量很高，相比其他蔬菜提供的能量较高，在食用这类蔬菜时，要特别注意减少主食量。

喝奶那些事儿

奶类营养价值丰富，是膳食钙和优质蛋白质的重要来源，对儿童青少年强健骨骼和牙齿非常重要。我国居民长期钙摄入不足，而奶类摄入可大大提高钙的摄入量。《中国居民膳食指南（2022）》中推荐，普通人吃各种各样的奶制品，摄入量相当于每天300毫升以上液态奶。

市面上的奶类众多，包括液态奶、酸奶、奶粉、奶酪等。那么乱花渐欲迷人眼，我们怎么选？

这里说液态奶包括纯奶和调制乳，纯奶是以生鲜乳为原料，经杀菌或灭菌后食用，不添加水或香精、香料、增稠剂、稳定剂等食品添加剂。而调制乳是以不低于80%的生鲜乳或复原乳为主要原料，添加其他原料或食品添加剂、营养强化剂等，采用适当杀菌或灭菌工艺制成的液体产品。调制乳口味比较丰富，但通常含糖量较高，饮奶时会不自觉地摄入更多的糖。而调制乳里强化的多种营养素，也可以从其他食物或其他途径中获得。

总的来说，在纯奶和调制乳之间，建议优先选择纯奶。此外，奶制品种类众多，酸奶、奶粉、奶酪都是不错的选择，营养价值也是棒棒哒。

奶类好处多多，但总有一些人喝完奶后会出现胃胀气、腹痛、腹泻等，这是我们常说的乳糖不耐受的反应。那么，您可以有以下选择：

①选择酸奶和奶酪等发酵型乳制品，在发酵过程中，牛奶中原有的乳糖会转化成乳酸，可缓解乳糖不耐受；②选择低乳糖或无乳糖奶；③每次少量饮奶分多次完成每日推荐量；④不空腹饮奶、与其他谷类食物同时使用。

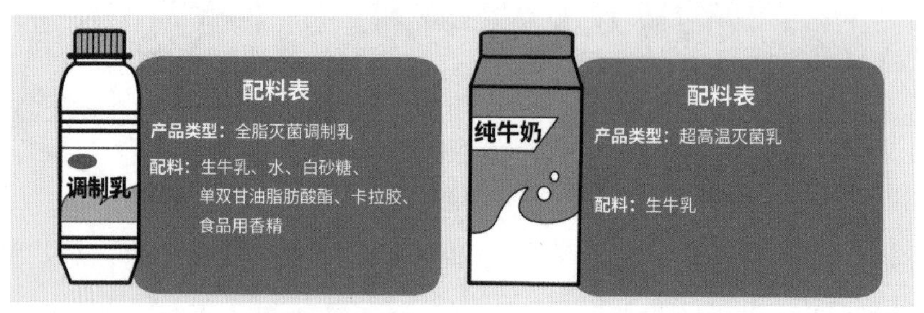

饮奶小贴士

按纯奶的蛋白质含量折算，100 克纯奶 =100 克酸奶 =125 克调制乳 =12.5 克奶粉 =10 克奶酪，各种奶制品可以经常换着吃。例如小朋友早餐一袋纯牛奶 225 克，晚餐一盒酸奶 100 克，轻松搞定 300 克。怎么样，今天你喝够了吗?

不过在这儿要特别提醒您，含乳饮料不等于奶，不要被含乳饮料迷乱了双眼。很多宝爸、宝妈不会给宝贝儿选择饮料，但是被贴上乳或奶的标签以后，便被默默地放行了。

有图有真相，一瓶含乳饮料的配料表是这样的，第一位是水，相当于用大量的水稀释了牛奶，营养价值当然没法和纯奶相比。营养标签就是证据，以某种含乳饮料为例，每 100 克含蛋白质为 1 克，而纯奶每 100 克的蛋白质含量为 3 克，按每天 300 克的饮用量来说，两者差距 6 克，那可相当于一个鸡蛋的蛋白质含量呢。还有，这瓶 450 克的含乳饮料，含糖量就高达 30.6 克，超过了 WHO 推荐的 25 克标准。

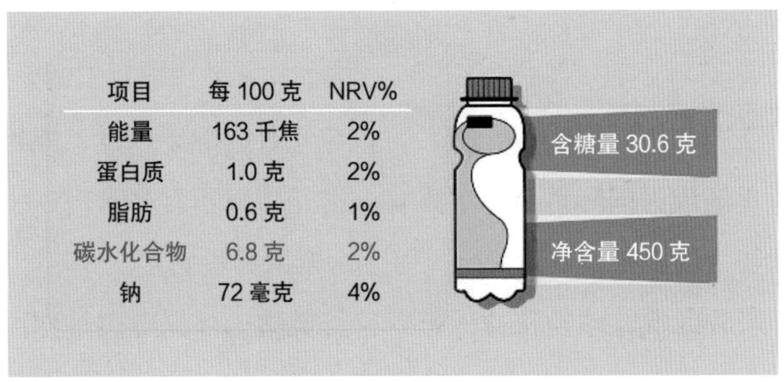

项目	每 100 克	NRV%
能量	163 千焦	2%
蛋白质	1.0 克	2%
脂肪	0.6 克	1%
碳水化合物	6.8 克	2%
钠	72 毫克	4%

你健康，我快乐，正确饮奶，茁壮成长。

素食人群怎么吃才能营养又健康？

11 月 25 日是国际素食日（节），该纪念日起源于印度，原称世界无肉日，后逐渐成为国际性节日。素食人群是指以不食畜禽肉、水产品等动物性食物为饮食方式的人群，又可分为全素和蛋奶素。

由于宗教因素、动物权益保护、自身健康、环保等多种原因，近年来，素食人群数量不断增加，素食已成为一种饮食文化。我国目前素食人群规模已逾 5000 万，采用素食的膳食模式可能会造成人体蛋白质、维生素 B_{12}、n-3 多不饱和脂肪酸、铁、锌等营养素的缺乏，为指导素食人群合理安排膳食，保证充足的营养供应，中国营养学会发布了《素食人群膳食指南》。

首先我们要明确，处于生长发育期的婴幼儿、儿童及处于特殊生理阶段的妊娠期女性对能量、营养素的需要量增加，且该阶段的营养状况对远期健康状况有重大影响，不建议采用全素膳食。如采用全素膳食，则需要定期进行营养状况监测以及时发现和纠正营养缺乏。同理，对于营养不良、免疫功能低下或疾病状态的人群也不建议采用全素膳食。

其次，素食人群的饮食搭配应该格外注意。除动物性食品外，《中国居民膳食指南（2022）》里的一般人群膳食也适用于素食人群，此外，还对全素和蛋奶素人群提出如下关键推荐。

1. 食物多样，谷类为主，适量增加全谷物

与一般人群膳食推荐一致，谷物作为主要的能量食物来源，主食餐餐都得有，每餐不少于 100 克（生食）。但素食人群应注意增加全谷物比例，主食中一半应为全谷物、杂豆类。

建议成年全素人群每天摄入谷类 250~400 克，其中全谷物和杂豆要占到一半左右（120~200 克）。成年蛋奶素人群推荐每天摄入谷类 225~350 克，全谷物和杂豆为 100~150 克。

2. 增加大豆及其制品的摄入

选用发酵豆制品。素食人群摄入大豆及其制品不仅可补充优质蛋白质，还可补充不饱和脂肪酸和 B 族维生素，尤其是发酵豆制品中维生素 B_{12} 较为丰富，如腐乳、豆豉等。因此，推荐成年全素人群每天摄入大豆及其制品 50~80 克，包括 5~10 克发酵豆制品。成年蛋奶素人群推荐每天摄入大豆及其制品 25~60 克。

3. 常吃坚果、海藻和菌菇

坚果不仅富含蛋白质，对于素食人群而言，也是不饱和脂肪酸的重要食物来源。菌藻类食物富含矿物质，同时含有真菌多糖等有益健康的生物活性物质。建议成年全素人群每天摄入坚果 20~30 克，菌藻类食物 5~10 克。成年蛋奶素人群推荐每天摄入摄入坚果 15~25 克，菌藻类食物 5~10 克。

4. 蔬菜、水果应充足

蔬菜水果是素食人群维生素和矿物质的主要食物来源，素食人群的

蔬菜水果推荐摄入量与一般人群一致，推荐每天摄入 300~500 克蔬菜，其中深绿色、橙红色等深色蔬菜应占一半，水果 200~350 克。

5. 合理选择烹调油

素食人群在选择烹调用植物油时，应优先选择富含 n-3 多不饱和脂肪酸的植物油，如亚麻籽油和紫苏油等。素食人群食用油每日推荐摄入量与一般人群相同，为 20~30 克。但不饱和脂肪酸含量高的食用油耐热性差，易氧化，因此日常生活中可搭配食用多种植物油，如用菜籽油烹炒，紫苏油凉拌。

二、教你养成健康生活方式

打开点外卖的正确方式

点外卖，相信大家都不陌生。手机打开，APP 一划，足不出户，就可以享受到丰盛的美食，如此方便快捷的就餐方式，越来越受到年轻人的青睐。据两大外卖平台数据统计，大家午餐点餐的前三位是：简餐、盖浇饭、米粉米线。

外卖怎么点，也是有诀窍的。下面就和您聊一聊，如何将外卖吃得健康、吃得营养，吃得安全。

食品安全最为重要。我们在点餐时，一定要选择有口皆碑的优质商家，无论是食材的挑选、后厨的卫生，还是厨师的健康资质，都是有保

障的。事先和送餐员约定好，尽量选择无接触送餐。就餐前，一定要正确洗手。如果和他人拼餐享用外卖，要准备公筷、公勺。

那我们该如何搭配我们的外卖餐食呢？

首先，营养尽量均衡。很多人点餐时，忽略了新鲜蔬菜水果，所以维生素的摄入就相对较少，不利于营养均衡。其实，只要自己开动脑筋，就可以让我们的外卖也吃得营养均衡。

我们的日常膳食，一般由谷薯类、蔬菜水果类、动物性食物、奶类、大豆和坚果类构成。点外卖时，主食做到粗细搭配，尽量减少精细米面的摄入，适当增加粗粮；副食做到色彩搭配，其中深色蔬菜要占到一半以上，深色蔬菜是指深绿色、橘红色、紫红色蔬菜，比如菠菜、胡萝卜、西红柿、紫甘蓝等，富含β-胡萝卜素，是维生素A的主要膳食来源，具有营养优势。把主食、辅食搭配好，自己再准备些坚果、牛奶一类的健康零食佐餐，这样就能将外卖吃得营养又美味。比如我们想点一份盖浇饭，要尽可能少油少盐。如果有酸辣土豆丝盖饭、小油菜炒豆腐盖饭两种选择，优先选小油菜炒豆腐盖饭。在酸辣土豆丝盖饭中，土豆是碳水化合物含量很高的食物，营养学界普遍开始将土豆划为主食范畴，所以土豆和米饭的搭配并不十分合理。如果偏爱土豆丝，那么搭配上胡萝卜丝、青椒丝的素炒三丝，可以满足我们对蔬菜摄入量的需求，保障我们摄入更多的维生素和矿物质。更推荐小油菜炒豆腐盖饭的原因还有，油菜是深色绿叶菜，富含多种维生素，豆腐提供丰富的优质蛋白。点餐时，给商家备注上尽可能少油少盐，这一份小油菜炒豆腐盖饭就能做到既营养又美味，合理搭配、平衡膳食。

其次，尽可能丰富外卖食物种类。选择小份的食物，同时多点几样，和同事拼餐（使用公筷公勺，守护自己和他人的健康），就可以尽可能扩大食物摄入的种类。例如：今天点餐时的主食选择大米饭、那明天就选择二米饭、八宝饭等，因为杂粮、豆类里富含膳食纤维、B族维生素和矿物质，可以促进肠道蠕动。豆类富含谷类蛋白质缺乏的赖氨酸，是与谷类蛋白质互补的天然理想食品。今天副食肉类选择的牛肉，明天就换成禽肉、鱼肉。推荐大家优先选择鱼肉，其次是禽肉，最后是畜肉。因为鱼和禽的脂肪含量相对较低，含有较多的不饱和脂肪酸，对预防血脂异常和心脑血管疾病有一定作用。今天的副食蔬菜选择的是叶菜、十字花科蔬菜（如油菜、西兰花、甘蓝），明天就换成鲜豆类（如豌豆、豆角）、菌藻类（如金针菇、木耳、紫菜）等。蔬菜中富含维生素、矿物质、膳食纤维，且能量低，可以满足人体微量营养素的需要，保持人体肠道的正常功能、降低慢性病的发病风险。

在点餐时，也要关注餐食里是否有酱汁、酱料等，要求商家单独盛放，不与饭菜混放，吃多少由自己做主。为了刺激味蕾，提高味觉感受，外卖餐食中的油、盐含量往往较高。像鸡精、味精、辣椒酱等，都是含盐量很高的调味品。不管是外卖点餐，还是家庭自制菜肴，我们都应避免过量钠的摄入，从而降低高血压等疾病的发病风险。

用油方面，如果是蔬菜类的餐食，推荐白灼、蒸、凉拌的烹调方法而不是炒制。动物性的餐食，“蒸、炖、煮、烤”的烹调方法，优于油炸、油煎。少油可以控制脂肪的摄入，对保持身体健康裨益良多。

如果不可避免地需要经常点外卖，建议自备一些比如牛奶、酸奶、无添加的坚果（非油炸）、水果等小零食，不管是佐餐，还是饿了的时候垫一垫肚子，都是健康又美味的选择。

分餐的两种“境界”！

中国的历史，有很长一段时间大家都是分餐而食，而后逐渐发展为合餐；再观之人生，婴幼儿有自己专属的餐具和食物，长大后才慢慢融入家庭饮食。如今人们逐渐意识到合餐所带来的健康风险，已经长大的我们，能否像呵护婴儿一样，给自己一筷一勺一餐盘，以分餐促健康呢？

当我们合餐时，一些经消化道或密切接触传播的疾病，如幽门螺旋杆菌、病毒性肝炎等都可能通过私筷口口相传。合餐时一双私筷走天下，无疑会增加共享疾病的风险。

分餐其实有两种境界。

第一种境界：公筷公勺，简单易行

朋友同事聚餐时，建议使用公筷公勺，最大的好处就是卫生，避免消化道或密切接触的疾病传播。餐馆应全面推行个性化、有辨识度的公筷公勺，方便就餐者辨识和使用。点外卖多人同食时，备注增加一双筷子一个勺子。

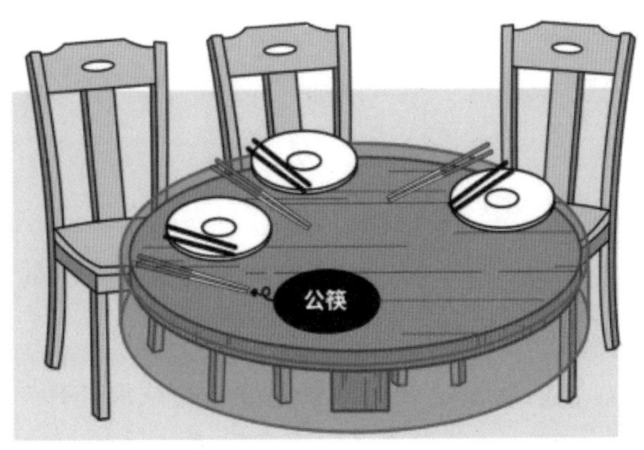

第二种境界：专属餐具和食物，营养看得见

就餐者使用公筷公勺，按需取走食物，放入自己的餐盘，每人一份，独立用餐，类似于吃自助餐的场景，这是真正意义的分餐。这样做，除了保持卫生、减少疾病传播之外，还有助于：

（1）营养搭配，心中有数

这一餐吃了多少主食、多少肉，蔬菜、大豆及其制品够不够等，营养搭配了然于心，关注营养的你不要错过。

（2）满足不同口味

同样的食物，我的盘子里可以加醋，你的盘子里可以加辣椒，各得其所。

（3）定量取餐，减少浪费

对于实行分餐的家庭来说，能很好地量化食物，按量分配，减少浪费。即使吃不完，剩下没动过的饭菜也容易保存。

分餐不会让感情变得生分，分餐不分桌，我们一样可以围桌而坐，交流感情。要注意就餐的基本礼仪，比如不要高声喧哗，打喷嚏或咳嗽时要用纸巾或手肘遮掩口、鼻，以免喷溅。

拒绝中年油腻，能量平衡是关键

随着年龄的增长，基础代谢逐渐降低。稍不注意，就容易中年油腻。快来测测你开始油腻了没？

测试 1：体质指数（BMI）：衡量总体体型

BMI（kg/m^2）= 体重（千克）/ 身高^2（米^2）

18.5　24　28

体重过低 | 正常 | 超重 | 肥胖

测试 2：腰围：衡量中心型肥胖

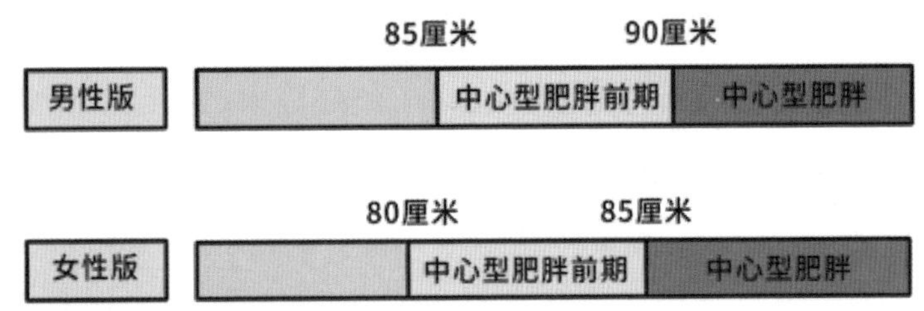

中心型肥胖意味着更易出现代谢紊乱，高血压、高血脂、糖尿病等患病风险都会增加，我们要着力控制。有的人可能 BMI 正常，但属于中心型肥胖，这样的人也要对油腻问题警惕起来。

即使顺利通过上面测试的小伙伴，也必须正视这个事实：中年比年轻时更容易发福。所以这十条建议也适合此时体重尚正常的你们。

1. 主食该吃还得吃，但要用粗粮替换精粮

把长胖的锅全甩给主食，这实在是太专横了。在减肥界，低碳水化合物饮食与低脂饮食哪种更好，还有颇多争议。况且长期不吃主食，忍饥挨饿，大多数人很难坚持。所以主食该吃还得吃，但主食的品种和做法可以变得更健康。试试以下方法：用荞麦、燕麦、薏米、豆类等粗粮及土豆、红薯等薯类部分代替精粮；不要烹饪得太细软，要有嚼劲；把主食放温凉再吃。这些方法都能减缓餐后血糖反应，血糖缓慢上升缓慢下降，不容易饥饿。

2. 脂肪还是少吃点，产热本领它最强

脂肪的产热是相同重量碳水化合物的 2 倍多。要注意少吃高脂的食物，比如五花肉、肥肉、动物皮、奶油等，并控制烹调用油，少吃油炸食品。买预包装食品的时候，同类食物中注意选择营养成分表中脂肪和能量较低的食品。

3. 优质蛋白不可少，减肥不是减肌肉

鱼禽畜蛋类是高蛋白质食物，饱腹感比较强，要适量摄入。通常猪牛羊肉吃得太多，所以要注意多选白肉（鱼虾等水产品，以及禽肉）来代替畜肉。白肉也提供优质蛋白，而且通常脂肪含量更低，脂肪酸的构成更为合理。

大豆是非常重要的传统食材，制成的豆腐、豆浆等都是高蛋白、低脂肪的食物，应当多吃一些，并可替代一部分鱼禽畜蛋类。

4. 蔬菜多吃没问题，填饱肚子热能低

蔬菜是个好东西，富含维生素、矿物质、植物化学物等，热量还很低，对健康益处多多。每天至少吃一斤蔬菜，每餐先吃蔬菜再吃其他食物还能让血糖更平稳。

5. 茶水咖啡皆可选，就是不要甜饮料

白开水是最好的饮料，但很多人年纪渐长，会觉得味觉变得迟钝，希望喝一些有味道的饮品。此时，茶水和咖啡都是好选择，它们含有多酚类等有益健康的物质，而且种类多多、口味多多，总有一款满足您。但要注意，咖啡不要加糖哦。如果您喝了它们觉得心慌、失眠，那么试试不含咖啡因的花果茶。

甜饮料里的糖是我们需要控制的。单说含糖量，喝完一罐可乐，大约相当于一下子吃了 4 颗较大的棒棒糖，或者 7 汤勺白糖。即使是鲜榨果汁，在您有机会、有能力吃下完整水果的时候，也尽量少选。酒能不喝就不喝，既增加能量，又没有特别的益处。

6. 餐馆外卖要节制，回家吃饭温馨又健康

餐馆做的菜，通常用油用盐都很重，而回家做饭，食材新鲜，搭配随意，少油少盐，清新健康。待一家人围桌而坐，细嚼慢咽，这份其乐融融的亲情与幸福感，能够让您的世俗压力得以释放。此时还可提醒自己：每餐留一口，体重少一点，身材美一点。

7. 没事少来葛优躺，迈开步子身体轻

饭后洗洗碗、擦擦地，做做家务活，其实这是一种放松。动总比不动好，总是葛优躺，小心肥肉上身。有一种“番茄工作法”，工作 25 分钟休息 5 分钟，以达到最好的工作效率。当您在做静态为主的工作时，也可以设定自己的“番茄活动法”，按照自己的周期，比如工作 1 小时活动 10 分钟，避免久坐，还可以提高工作效率。

8. 循序渐进增强度，中等以上才更好

中、高强度的活动，能增强心肺功能，促进骨骼肌肉健康，产生更多健康益处。快走、跑步、骑车、跳舞、游泳、跳绳、登山、瑜伽、太极、各种球类运动等都属于此类。当您进行中等强度活动时，可以流畅说话但不能唱歌，进行高强度活动时，说话都很困难。

9. 刷圈追剧不可取，三十乘五动起来

推荐每天 30 分钟、每周 5 天，即每周累计 150 分钟的中等强度的活动。如果您已经发福了，那么请自觉增加活动量。

10. 同伴支持很重要，生理心理共建设

同伴可以是家人、朋友，互相督促、互相激励，共建良好的生活方式。一个人坚持往往很难，一群人的陪伴就容易多了。培养一个爱好，不管是运动的还是文艺的，都可以借此释放压力。

拒绝油腻，就是选择健康的生活方式。

咖啡因是把“双刃剑”，谨防超量摄入

很多人都喜欢喝咖啡、奶茶、茶饮料、可乐，也爱吃巧克力、抹茶甜品等。我们在享受香甜美味的同时，也需要关注这样一个健康问题：你摄入的咖啡因是否超量了？

咖啡因是从咖啡豆、茶叶、可乐果、瓜拿纳、可可豆等中提炼出来的一种甲基嘌呤类生物碱，也可经人工合成。不只是咖啡中才有咖啡因，像茶类、巧克力、可乐和特殊用途饮料（运动、能量饮料）等食品以及某些药物中都有咖啡因的身影。

而咖啡因可谓是把双刃剑，少量摄入有增强记忆力、缓解疲劳、控制体重、改善肝功能等有益的作用；但过量摄入会导致焦虑、暴躁、失眠、消化不良、咖啡因中毒等不良作用。并且孕妇及乳母、婴幼儿、儿童青少年等特殊人群更容易受其影响。

那每日摄入多少量的咖啡因是安全的呢？下表列出了不同组织机构制订的咖啡因每日安全摄入量。

不同组织机构制订的咖啡因每日安全摄入量

组织机构	人群	每日安全摄入量	相当于几杯咖啡
欧洲食品安全局（EFSA）	孕妇 / 哺乳期妇女	＜200 毫克	
	儿童	≤ 3 毫克 / 千克体重（暂定）	
	非孕妇成年人	≤ 400 毫克（单次＜200 毫克）	
加拿大卫生部（Health Canada）	孕妇、哺乳期妇女或计划怀孕的妇女	＜300 毫克	比 2 杯 8 盎司（237 毫升）的咖啡略多
	4~6 岁儿童	≤ 45 毫克	
	7~9 岁儿童	≤ 62.5 毫克	
	10~12 岁儿童	≤ 85 毫克	
	13 岁及以上青少年	＜2.5 毫克 / 千克体重	
	健康成人	＜400 毫克	约 3 杯 8 盎司（237 毫升）的现磨咖啡
美国妇产科医师学会（ACOG）	孕妇	＜200 毫克	大约 2 杯咖啡

基于上表，建议孕妇及乳母每日摄入咖啡因不超过 200 毫克，对妈妈和宝宝都是安全的，而其他健康成人每日不要超过 400 毫克。因儿童的神经系统还未发育完善，对咖啡因更敏感，所以不要超过安全限量值。

下面简要列举一些生活中比较常见食品中的咖啡因含量（数据供参考）：大杯咖啡（约 500 毫升）约含咖啡因 250 毫克；小杯咖啡（约 200 毫升）约含咖啡因 100 毫克；其中浓缩咖啡（Expresso）的咖啡因含量高于普通咖啡；速溶咖啡（约 15 克）约含咖啡因 90 毫克；黑巧克力（约 50 克）约含咖啡因 10 毫克，含量相对较低；罐装可乐（330 毫升）约含咖啡因 35 毫克；各种茶饮料（550 毫升）约含咖啡因 50 毫克。含咖啡因的食物种类非常之多，这里就不一一列举了。

所以，细心的你可以计算一下自己一天究竟摄入了多少咖啡因？需不需要控制一下自己呢？

这里给大家一些科学建议：

（1）平时保证每天足量饮水（成年人每日 1500~1700 毫升，约 7~8 杯），首选白开水。

（2）如果非要喝咖啡，建议在早晨或上午非空腹状态下饮用，优先选用低咖啡因或脱咖啡因的咖啡（但脱咖啡因咖啡仍会含有少量咖啡因）；不要为调味而加入很多的糖等，建议用奶类代替。

（3）加以重视，心中有数。学会看食品标签，标签配料表中标有咖啡、咖啡因、可可、巧克力、茶等成分时应该留意。同时，避免咖啡因和酒精一起摄入，服用含有咖啡因的药品时一定注意不要与含有咖啡因的饮料等并用。

（4）虽然孕妇、乳母不需要完全避免咖啡因，但是因为每个人对咖啡因的反应各异，如果觉得咖啡因让自己或者宝宝感到不舒服，则应少吃，甚至避免摄入。

（5）对咖啡因敏感人群务必根据自身情况控制咖啡因的摄入量；患有胃溃疡的人群应尽量避免咖啡因，以免胃酸分泌过多，进一步加重病情。此外，对部分女性而言，月经期摄入咖啡因会加剧痛经现象，因此特殊时期还是尽量避免咖啡因的摄入。

烧烤啤酒小龙虾，教你远离痛风困扰

夏日入夜，晚风轻拂，邀三五好友，吃吃烧烤、喝点啤酒，倍儿爽！殊不知，这类饮食含有大量嘌呤，痛风有可能悄悄找上门。

痛风是高尿酸引起的，高尿酸血症已成为我国仅次于糖尿病的第二大代谢类疾病，目前有明显的年轻化趋势。

高尿酸对我们人体有什么危害呢？尿酸过高，会形成尿酸结晶。这些结晶沉积在关节会诱发痛风性关节炎；沉积在肾脏会形成肾结石，甚至引起肾功能衰竭；高尿酸患者还容易合并“三高”，增加心脑血管、脑卒中的风险。

尿酸是嘌呤代谢的终产物，当海鲜、烧烤等高嘌呤食物被我们吃了之后，经过肝脏代谢就会产生尿酸。正常情况下这些尿酸会通过肾脏随尿液排出体外，形成动态平衡。如果尿酸产生过多，排出过少，体内尿酸自然会高起来，所以高尿酸是一种代谢疾病。

人体内的尿酸 20% 来源于食物中的嘌呤，80% 由体内氨基酸、核苷酸及其他小分子化合物分解代谢产生。尽管高尿酸血症主要由人体内源性代谢紊乱所致，但控制食物中高嘌呤的摄入可以在一定程度上降低血尿酸浓度，减少痛风急性发作的风险。

对于高尿酸、痛风患者，应该多吃低嘌呤食物，少吃中嘌呤食物，尽量不吃高嘌呤食物。下面，我们先来看看食物中的嘌呤有多高！

依据《中国食物成分表标准版》（第六版第二册），我们把常吃的食物中的嘌呤分了 4 个等级。

#1 超高嘌呤食物（>150mg/100g）：

食物	嘌呤含量	食物	嘌呤含量	食物	嘌呤含量	食物	嘌呤含量	食物	嘌呤含量
鸭肝（熟）	398	鲅鱼	214	贻贝	414	干鲍鱼菇	424	黄豆	218
猪肚（熟）	252	皮皮虾	254	生蚝	282	干香菇	357	黑豆	170
猪肾	239	基围虾	187	牡蛎	242	干茶树菇	293	绿豆	196
鸡轸	218	干鲍鱼	171	扇贝	235	干紫菜	415	红小豆	156
猪肥肠（熟）	296	鱿鱼	244	青虾	180	干竹荪	285	蚕豆	307
羊肉串（熟）	223			小龙虾	174				

#2 中高嘌呤食物（75~150mg/100g）:

食物	嘌呤含量	食物	嘌呤含量	食物	嘌呤含量	食物	嘌呤含量
猪肉	138	三文鱼	168	对虾	101	杏鲍菇	94
牛肉	105	鲫鱼	154	河蟹	147	平菇	89
羊肉	109	草鱼	134	大闸蟹（熟）	121	白芸豆	125
猪手（熟）	134	河鲈鱼	133	蛏子	149	腐竹	160
猪耳朵（熟）	124	鲍鱼	102	干木耳	166	豆皮	157
烧鸭 / 鹅（熟）	88	多宝鱼	70	干银耳	纳豆	110	
牛肉汤（熟）	70	鸡胸肉	208			内酯豆腐	100

#3 中低嘌呤食物（30~75mg/100g）:

食物	嘌呤含量	食物	嘌呤含量	食物	嘌呤含量	食物	嘌呤含量
豌豆	86	小麦粉	25	大米	44	金针菇	59
豆角	40	全麦粉	42	糙米	35	茶树菇	48
西蓝花	58	燕麦	59	黑米	63	香菇	37
菜花	41	大麦	47	生豆浆 20%	63	干木耳（发后）	38
茴香	38	荞麦	34	北豆腐	68	牛蹄肉筋	40

#4 低嘌呤食物（< 30mg/100g）:

食物	嘌呤含量	食物	嘌呤含量	食物	嘌呤含量	食物	嘌呤含量
胡萝卜	17	油菜	17	海参	8	梨	5
四季豆	23	芹菜	5	干鲍鱼（发后）	9	苹果	1

续表

食物	嘌呤含量	食物	嘌呤含量	食物	嘌呤含量	食物	嘌呤含量
黄豆芽	29	竹笋	13	小米	20	桃	14
绿豆芽	11	莴笋	12	薏米	15	大枣	13
南瓜	29	莲藕	10	玉米面	12	樱桃	11
西葫芦	20	马铃薯	13	淀粉	5	葡萄	8
番茄	17	海带根	17	奶、蛋	1	蜜橘	9
茄子	13			啤酒	10	香蕉	7

这里给高尿酸患者一些饮食建议：

1. 选择食物要小心：干菌类是高嘌呤食物，鲜菌和水发后的菌类则属于中嘌呤食物，菌类营养丰富，作为配菜日常摄入量并不高，不用太过担心。蔬菜是低嘌呤食物，但豌豆、芦笋、西兰花等蔬菜嘌呤含量并不低，痛风患者若在发病期也应慎吃。谷物糙皮中嘌呤含量相对细粮较多，如燕麦、全麦片等，适当食用粗粮有益健康，但不能过多。

2. 加工食物很重要：黄豆在加工过程中，水溶性的嘌呤大量流失，降级为中嘌呤食物。推荐大家优先食用北豆腐、南豆腐，其次是豆皮、腐竹等豆制品，豆浆、整粒豆则要少量食用。少用海鲜酱油、花生酱、豆瓣酱、浓缩鸡汁等嘌呤含量高的调味料。长时间炖煮的肉汤中嘌呤和脂肪含量都比较高，建议大家少喝汤。

3. 多喝水：多喝白开水或苏打水，少吃高果糖的水果和果汁饮料，血液中的果糖含量上升，会使尿酸含量升高。啤酒虽然是低嘌呤食物，但在体内代谢后会影响尿酸排泄，还会促进嘌呤分解成尿酸，两相叠加，使尿酸在体内迅速增加。

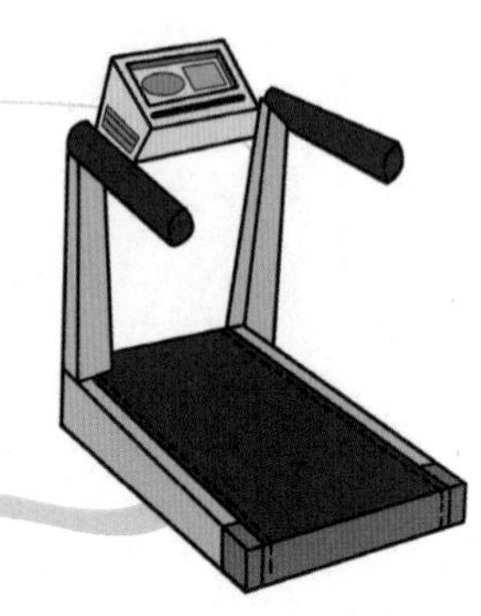

减肥要减脂，减脂不减肌

肥胖不只是不美不帅，实现不了穿衣自由，更重要的是容易增加冠心病、高血压、糖尿病等慢性病的发病风险，加速衰老和死亡。很多人在减肥中一味盲目节食，致使机体消耗大量蛋白质，导致一系列的不适，如乏力、贫血、脱发，尤其部分女性甚至发生闭经。

减肥和保持体重并没有捷径，管住嘴，迈开腿真的真的是真理。减肥前必须要明白的是：减肥是减脂肪，不能减肌肉。

1. 计算自己每日所需摄入的总热量。

可以根据自己每天的劳动强度来计算自己每日所需的热量。每日所需总热量 = 理想体重 × 每千克体重所需热量，理想体重（千克）= 身高（厘米）-105。

举例：小美身高 165 厘米，是中体力劳动者，她的理想体重就是 165 减去 105，那么 60 千克以内就是她理想的体重。每天每千克理想体重需要消耗的热量为 30 千卡，那么她每天需摄入的总热量就为：60 × 30=1800 千卡。

不同人群每天每千克理想体重需要消耗的热量

劳动强度	举例	千卡 / 千克理想体重 / 日
		正常
卧床休息		15
轻体力劳动	办公室职员、教师、售货员、简单家务，或与其相当的活动量	20-25
中体力劳动	学生、司机、外科医生、体育老师、一般农活，或与其相当的活动量	30
重体力劳动	建筑工、搬运工、冶炼工、重的农活、运动员、舞蹈者，或与其相当的活动量	35

2. 在平衡膳食的基础上控制总热量的摄入。食用低热能、低脂肪、高膳食纤维饮食，避免摄入高糖类食物，使每日摄入总热量低于消耗量，可根据不同能量需要水平的平衡膳食模式和食物量表来进行食物搭配。

举例：如小美在上述 1800 千卡能量水平，平衡膳食的食物构成是谷类 225 克，其中全谷物和杂豆类 75 克，新鲜薯类 75 克（相当于干重量 15 克左右）；蔬菜 400 克，其中深色蔬菜 200 克；水果 200 克；禽畜肉 50 克，蛋类 40 克，水产 50 克；牛奶或者酸奶 300 克，其他还包括大豆、坚果和食用油等。

不同能量需要水平的平衡膳食模式和食物量表

食物种类（克）	不同能量摄入水平（千卡）										
	1000	1200	1400	1600	1800	2000	2200	2400	2600	2800	3000
谷类	85	100	150	200	225	250	275	300	350	375	400
--- 全谷物及杂豆	适量			50-150							
--- 薯类	适量			50-150					125	125	125

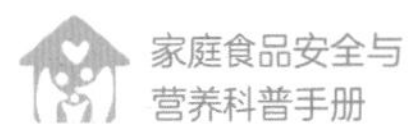

续表

食物种类（克）	不同能量摄入水平（千卡）										
	1000	1200	1400	1600	1800	2000	2200	2400	2600	2800	3000
蔬菜	200	250	300	300	400	450	450	500	500	500	600
--- 深色蔬菜	占所有蔬菜的二分之一										
水果	150	150	150	200	200	300	300	350	350	400	400
畜禽肉类	15	25	40	40	50	50	75	75	75	100	100
蛋类	20	25	25	40	40	50	50	50	50	50	50
水产品	15	20	40	40	50	50	75	75	75	100	125
乳制品	500	500	350	300	300	300	300	300	300	300	300
大豆	5	15	15	15	15	15	25	25	25	25	25
坚果	-	适量		10	10	10	10	10	10	10	10
烹调油	15~20	20~25			25	25	25	30	30	30	35
食盐	＜2	＜3	＜4	＜6	＜6	＜6	＜6	＜6	＜6	＜6	＜6

关于吃希望大家做到以下几点：

（1）食物多样。食物多样性不仅是为了摄入充足的营养素以及其他有益健康的成分，也是享受生活，减肥才容易坚持。

（2）每天吃好早餐。每天吃早餐，避免中午或晚上因饥饿而吃过多食物，也就是传说中的暴食。不吃零食和夜宵，偶尔吃零食也应以低糖、低脂肪的水果、蔬菜为主。

（3）选择低热能、低脂食物。尽量吃蒸、煮、凉拌和快炒的少油食物，不食用煎或油炸的多油食物。远离油脂或糖分高的食物，如糖果、甜点、巧克力、冰淇淋、肥肉、黄油、油炸食品、汉堡包、膨化食品等。（脑不想、手不碰、嘴不尝）

（4）用小号餐具进餐，每餐细嚼慢咽，减慢吃饭速度，每餐吃七八分饱。

（5）每天至少有一餐以全谷物为主食，如午餐或晚餐为粗杂粮。

（6）顿顿要吃菜。每天都要吃深绿色的叶菜，中餐、晚餐分别至少应有 2 种蔬菜，保证每天摄入 300~500g 蔬菜，深色蔬菜应占 1/2。

（7）优质蛋白绝不可少。适量的鱼虾、瘦肉、蛋、大豆及豆制品。建议增加大豆类食品的摄入，可增加到 50~100 克 / 天，同时相应减少畜禽肉类的摄入。

（8）每天喝牛奶。纯牛奶、没有添加糖的酸奶、低脂或脱脂牛奶等。

（9）饮用白开水，不喝或少喝碳酸饮料、风味饮料等含糖高的饮料。

3. 吃动平衡。每天称体重，养成每日晨起量体重的习惯，每周减重 0.5~1.0 千克为宜。多进行体育锻炼和体力劳动，选择自己喜欢的运动方式，使体重逐渐减轻达到正常标准体重。常见的身体活动和能量消耗见下表。

常见的身体活动和能量消耗

活动项目		身体活动强度（MET）	能量消耗量［千卡 /（标准体重 *10 分钟）］	
			男（66 千克）	女（56 千克）
家务活动	整理床，站立	低强度	22.0	18.7
	洗碗，熨烫衣物	低强度	25.3	21.5
	收拾餐桌做饭或准备食物	低强度	27.5	23-3_
	擦窗户	低强度	30.8	26.1
	手洗衣服	中强度	36.3	30.8
	扫地、扫院子、拖地板、吸尘	中强度	38.5	32.7

续表

活动项目		身体活动强度（MET）	能量消耗量[千卡/（标准体重*10分钟）]	
			男（66千克）	女（56千克）
步行	慢速（3千米/时）	低强度	27.5	23.3
	中速（5千米/时）	中强度	38.5	32.7
	高速（5.5-6千米/时）	中强度	44.0	37.3
	很快（7千米/时）	中强度	49.5	42.0
	下楼	中强度	33.0	28.0
	上楼	高强度	88.0	74.7
	上下楼	中强度	49.5	42.0
跑步	走跑结合（慢跑成分不超过10分钟）	中强度	66.0	56.0
	慢跑，一般	高强度	77.0	65.3
	8千米/时，原地	高强度	88.0	74.7
	9千米/时	极高强度	110.0	93.3
	跑，上楼	极高强度	165.0	140.0
自行车	12-16千米/时	低强度	44.0	37.3
	16-19千米/时	中强度	66.0	56.0
球类	保龄球	中强度	33.0	28.0
	高尔夫球	中强度	55.0	47.0
	篮球，一般	中强度	66.0	56.0
	篮球，比赛	高强度	77.0	65.3
	排球，一般	中强度	33.0	28.0
	排球，比赛	中强度	44.0	37.3

续表

活动项目		身体活动强度（MET）	能量消耗量［千卡/（标准体重*10分钟）］	
			男（66千克）	女（56千克）
球类	乒乓球	中强度	44.0	37.3
	台球	低强度	27.5	23.3
	网球，一般	中强度	55.0	46.7
	网球，双打	中强度	66.0	56.0
	网球，单打	高强度	88.0	74.7
	羽毛球，一般	中强度	49.5	42.0
	羽毛球，比赛	高强度	77.0	65.3
	足球，一般	高强度	77.0	65.3
	足球，比赛	极高强度	110.0	93.3
跳绳	慢速	高强度	88.0	74.7
	中速，一般	极高强度	110.0	93.3
	快速	极高强度	132.0	112.0
	慢速	中强度	33.0	28.0
	中速	中强度	49.5	42.0
	快速	中强度	60.5	51.3
游泳	踩水，中等用力，一般	中强度	44.0	37.3
	爬泳（慢），自由泳，仰泳	高强度	88.0	74.7
	蛙泳，一般速度	极高强度	110.0	93.3
	爬泳（快），蝶泳	极高强度	121.0	102.7
其他活动	瑜伽	中强度	44.0	37.3
	单杠	中强度	55.0	46.7

续表

活动项目		身体活动强度（MET）	能量消耗量［千卡/（标准体重*10分钟）］	
			男（66千克）	女（56千克）
其他活动	俯卧撑	中强度	49.5	42.0
	太极拳	中强度	38.5	32.7
	健身操（轻或中等强度）	中强度	55.0	46.7
	轮滑旱冰	高强度	77.0	65.3

4. 充足睡眠。有研究显示：导致身体发胖的主要原因是体内生长激素分泌不足。生长激素简称GH，是人体自行分泌的一种天然激素，主要作用是促进骨骼及肌肉的生长，同时也加速体内脂肪的燃烧。GH只有夜间睡眠时分泌，尤其是在入睡90分钟以后分泌量最旺盛。人体在睡眠时，身体机能运作会趋于迟缓，但新陈代谢功能仍会持续进行，积存于体内的卡路里也能不断地燃烧，越是年轻健康的人，细胞代谢就越活泼，睡眠时消耗的能量当然就越多。

“趁热吃”“趁热喝”未必好

热气腾腾的涮羊肉、刚出锅的饺子馄饨、才起锅的煎炸食品……在寒冷的冬天，来一顿滚烫的美食，别提多惬意了。殊不知，长期食用太烫食物可能会存在损伤味蕾、增加罹患癌症等多种风险。

什么温度才算烫伤？通常我们口腔和食道的温度范围在36.5~37.2℃之间，口腔和食道能承受的食物温度在10~40℃之间，最高能承受的高温也就在50~60℃之间。65℃属于一个最高保守的分界线了。所以，一般来说，65℃以上的食物就能算烫。长期吃过烫食物，造成黏膜损伤，对身体造成的危害可就不是闹着玩的了。

长期吃烫的食物或饮料易产生以下五大危害：①损害牙齿，引发牙痛。烫的食物或饮料会破坏牙齿组织，引起牙龈肿痛、过敏性牙痛等。②损坏味蕾，造成口味越来越重。烫的食物或饮料会破坏舌面味蕾，造成味蕾神经迟缓，使人口味越来越重。③损害口腔黏膜，引发口腔癌。人体口腔和食道表面覆盖一层柔软黏膜，正常情况下，口腔食道的温度维持在体温水平。人体口腔黏膜极薄，但有着保护功能，抵御机械伤害和微生物、病毒入侵。口腔黏膜还有感觉功能，对外界造成疼痛等及时做出反应，能够感觉到味道。口腔黏膜不耐热，极易被烫伤。而烫的食物温度有可能达到60~70℃及以上，容易把口腔烫坏，导致起泡、脱皮、溃疡、疼痛等口腔问题，长期反复，难以愈合，诱发黏膜的变化甚至引发口腔癌。④损害食管黏膜，引发食管癌。对一般人来说，口腔都觉得有点烫的时候，食物的温度其实起码是70℃左右了，远远超过了食管能承受的温度。长期持续性的刺激就很可能会导致黏膜发生病变，从浅表性炎症、溃疡发展成恶性增生，增大患食管癌的风险。⑤损害胃黏膜，引发胃癌。烫的食物或饮料会对胃造成极大的损害。胃黏膜耐热温度一般在40℃左右，所以常常会出现入口不烫，却会把胃烫伤的情况，进而造成胃黏膜的损害、流血等状况发生。同时胃部不停地分泌消化液，胃黏膜受损后，更容易受到消化液的腐蚀，胃黏膜长期反复遭受损害，继而易引发胃溃疡、胃炎、胃痛，甚至引发胃癌。

那我们应该怎么做呢？正确的姿势如下：①饭菜出锅后要凉一会儿再吃。为了安全起见，我们可以将所有食物先从锅里取出放置一会儿再端上桌吃。吃东西时，先将食物放在嘴唇上感受下温度，如果觉得不烫再吃下。切记，刚出锅的食物不要吃。②吃火锅时，要谨记“心急吃不了热豆腐”。不要吃刚从锅里捞出来的食物，最好在蘸料碗里放一会儿，或准备一个空盘子，将食物捞出先放一会儿再吃，这样会更安全些。③每时每刻都喝上温水的秘诀：恒温水壶。对于不喜欢喝凉水的人，备个恒温水壶，水温控制在40~45℃之间，就可以喝上温水啦！④改变喝烫饮料的习惯。有些人很喜欢喝热茶和热咖啡（烫嘴那样的），真的不是好习惯，要改改了。如果你硬要说这个温度还好，完全可以接受，那你真的要认真考虑一下，是不是因为你的口腔食管胃都已经受伤受习惯了？

三、关注儿童营养健康

预防孩子偏食，从食物多样开始

每种食物都有其独特的营养价值，对人体的作用各不相同，要平衡膳食必须由多种食物合理搭配，才能满足健康需求。建议平均每人每日摄入 12 种以上、每周 25 种以上食物。每天谷薯杂豆类不少于 3 种，蔬菜、水果类不少于 4 种，畜禽鱼蛋类不少于 3 种，奶、大豆、坚果类不少于 2 种。

（一）谷薯杂豆类怎么吃？

在平衡膳食模式中，粮谷类食物是基础食物，应作为膳食的主体，所提供的能量应达到总能量的一半以上。要做到平均每天 3 种、每周 5 种以上谷薯杂豆类食物的摄入。同时，要注意粗细搭配，少吃过于精细的米面，增加全谷物食物的摄入，经常吃一些全麦、粗粮、杂粮和薯类食物。

我们平时吃的大米、面粉称为细粮，除细粮以外的谷类及杂豆称为粗杂粮，包括小米、高粱、玉米、荞麦、燕麦、薏米、红小豆、绿豆、芸豆等。粗杂粮营养全面均衡，小米中的铁、钙是大米的 3~4 倍，燕麦片含有丰富的膳食纤维，颜色较深的谷物胡萝卜素含量也更多。稻谷、小麦可以粗加工为糙米、标准粉等，虽然不是很白，但营养更丰富。

（二）蔬菜水果怎么吃?

蔬菜水果能量低，是维生素、矿物质、膳食纤维和植物化学物质的重要来源。深色蔬菜的营养价值一般优于浅色蔬菜。常见的深色蔬菜：深绿色蔬菜—菠菜、油菜、空心菜、芥菜、西兰花、韭菜、茼蒿、小葱等；红色、橘红色蔬菜——西红柿、胡萝卜、南瓜、红辣椒等；紫红色蔬菜——红苋菜、紫甘蓝等。

要做到餐餐有蔬菜，天天有水果。要注意蔬菜与水果分属不同类别，不能互相替代。蔬菜的维生素、矿物质、膳食纤维、矿物质、膳食纤维和植物化学的含量高于水果，水果不能替代蔬菜；水果中有机酸、芳香物质比蔬菜多，而且食用前不用加热，其营养成分不受烹调影响，故蔬菜也不能替代水果。

（三）坚果怎么吃?

适量选择食用原味坚果，每周 50~70 克。相当于每天食用带壳葵花籽 20~30 克（约一把半），或者花生米 15~20 颗，或者核桃 2~3 个。

（四）奶、大豆怎么吃?

奶类含丰富的优质蛋白和维生素，且是膳食钙质的良好来源，可以吃各种各样的奶制品，相当于摄入液态奶 300 毫升。大豆及其制品含丰富的优质蛋白质、必需脂肪酸、多种维生素和膳食纤维，且含多种植物化学物质。

儿童青少年饮奶、多吃豆制品有利于其生长发育，增加骨密度，预防或延缓成年后骨质疏松的发生。应把牛奶、大豆当作儿童青少年膳食的重要组成部分，对于饮奶量多或有高血脂、肥胖及超重者可以选择低脂或脱脂奶。

（五）畜禽鱼蛋类怎么吃?

鱼、禽、蛋和瘦肉是优质蛋白质、脂类、脂溶性维生素、B 族维生素和矿物质的良好来源。但如果摄入过多，又不增加身体活动量，容易引发超重、肥胖，进而可能导致糖尿病、心血管病等疾病的发生，因此要适量食用，并且要优先选择鱼和禽类，适量的蛋和瘦肉，少吃肥肉、烟熏和腌肉制品。

需要注意的是，饮食习惯的养成并非一日之功，但养成良好的饮食习惯是可以终身受益的。

为儿童选择“靠谱”的零食

首先我们要弄清，什么样的食物才算是零食？只有薯片、瓜子、辣条才是零食吗？小孩子都不应该吃零食吗？

其实，零食的范围比我们想象中的要宽泛，一日三餐以外的其他时间吃的，还有除了水以外喝的，都可以叫作零食。所以很多我们平时正餐不吃，但很有营养的食物，都是零食。

儿童青少年处于生长发育阶段，正处于代谢旺盛、身体活动水平高的阶段，而且胃肠道处于逐步成熟完善过程中，合理、少量、适时安排零食不仅可与正餐形成营养互补，还能使儿童获得一定的精神享受和心理满足。零食只要吃对，不仅可以吃，还要鼓励吃。选对零食对小朋友们的身体健康是很有帮助的！只不过根据零食种类不同，吃的频率还是要控制的。学龄儿童可以在正餐为主的基础上，合理选择零食，但零食不能代替正餐，也不应影响正餐。

可经常食用的零食：天然、新鲜的食物。这些零食不仅保留了食物本身的营养价值，还可以满足人体对营养物质的需要，比如原味坚果，如花生、瓜子、核桃等富含蛋白质、不饱和脂肪酸、矿物质和维生素 E；水果和能生吃的新鲜蔬菜含有丰富的维生素、矿物质和膳食纤维；奶类、大豆及其制品可提供优质蛋白质和钙。所以，这些零食孩子可以每天吃。

适当食用的零食：对于含有一定量脂肪和糖，但也含有助健康的蛋白质、膳食纤维等零食可以适量吃。像苹果干、饼干、肉干等零食，1 周食用 1~2 次。

限量食用的零食：含盐、油或添加高糖的食品，例如果脯、蜜饯、炸薯条、奶油冰激凌、巧克力、奶茶、方便面等高盐、高糖、高脂肪不宜作为零食。限量食用零食一周不超过一次。

不喝或少喝含糖饮料，不喝含酒精、咖啡因饮料（小于 12 岁）。此外，也不能把没有生产日期、无质量合格证或无生产厂家信息的“三无”产品作为零食。

儿童零食的选择

零食类别	可经常食用		适当食用		限量食用	
	零食特点	举例	零食特点	举例	零食特点	举例
糖果类			巧克力	黑巧克力、牛奶纯巧克力等	糖果	奶糖、糟豆、软糖、水果糖、果冻等

续表

零食类别	可经常食用		适当食用		限量食用	
	零食特点	举例	零食特点	举例	零食特点	举例
肉类、海产品、蛋类	低油、低盐、低糖	水煮蛋、水煮虾	添加中等量油、盐、糖	牛肉片、松花蛋、火腿肠、酱鸭、卤蛋、鱼片、海苔片等	油、盐、糖含量较高	炸鸡块、炸鸡翅等
谷类	低油、低盐、低糖	无糖或低糖燕麦片、煮玉米、无糖或低糖全麦面包、全麦饼干等	添加中等量油、盐、糖	蛋糕、饼干等	油、盐、糖含量较高	油炸膨化食品，油炸方便面、奶油夹心饼干、奶油蛋糕等
豆及豆制品	低油、低盐、低糖	豆浆、烤黄豆、烤黑豆等	添加油、盐、糖	豆腐卷、怪味蚕豆、卤豆干等		
蔬菜水果类	新鲜蔬菜、新鲜水果	香蕉、西红柿、黄瓜、梨、草果、西瓜、葡萄等	拌糖新鲜水果 低盐、低糖水果蔬菜干	拌糖水果沙拉、苹果干、葡萄干、香蕉干等	水果罐头、水果蔬菜蜜饯	水果罐头、蜜枣脯、胡萝卜脯、苹果脯
奶及奶制品	纯牛奶及酸奶	纯鲜牛奶、纯酸奶等	以奶为主、低糖	奶酪、奶片等	奶加高糖	全脂炼乳等
坚果类	低油、低盐、低糖	花生米、核桃仁、大杏仁、松子、榛子等	非低油、低盐、低糖	琥珀核桃仁、鱼皮豆、花生蘸、盐焗腰果、瓜子等	油、盐、糖含量较高	
薯类	低油、低盐、低糖	蒸、煮的红薯、土豆等	添加中等量油、盐、糖	甘薯球、地瓜干等	油、盐、糖含量较高	炸薯片、炸薯条等

续表

零食类别	可经常食用		适当食用		限量食用	
	零食特点	举例	零食特点	举例	零食特点	举例
饮料类	不添加糖的水果汁、蔬菜汁	不加糖的鲜榨橙汁、西瓜汁、芹菜汁、胡萝卜汁	含糖少且含奶、果汁、蔬菜汁等	果汁含量超过 85% 的果蔬饮料、香仁露、乳酸饮料等	含糖高	高糖分汽水、可乐等 果汁含量 30% 的果味饮料等
冷饮类		含糖少、以鲜奶和水果为主	鲜奶冰淇淋、水果冰淇淋等	含糖高及人造奶油较高	雪糕、冰淇淋等	

吃零食的时间：零食不宜和早中晚饭离得太近，这样会影响正常吃饭。应相距一个半小时到两个小时为最佳。比如上午的 9~10 点钟，下午的 3~4 点钟，但每天吃零食不要超过 3 次，而且在看电视、玩耍的时候或是晚上睡觉前 1 小时内不要吃。孩子们在吃完零食后记得要漱口，早上起床和晚上睡觉前必须要刷牙。

小贴士：

以辣条为例，营养成分表里的表示的每 100 克产品中含有 2820 毫克的钠，1 克钠相当于 2.54 克盐。如果我们吃掉这袋 100 克的辣条，就相当于吃了约 7.2 克（2820×2.54=7162.8 毫克）的盐。所以，不要看见钠的数值不大，就掉以轻心！

还有一种方法就是看营养成分表的最后一列所示的数据：占营养素参考值百分比（NRV%）。上面的那种辣条营养成分表显示钠所对应的营养素参考值为 141%，指吃这个辣条 100 克摄入的盐相当于占一天食盐推荐食用量的 141%，已经远远超过一天食盐的推荐量。

然后再来看看辣条含有多少油！配料表上可以看出辣条添加的植物油也非常多，一般排在第 2 或第 3 位！可见辣条中植物油的比例很高。

辣条中的白砂糖加的量同样不少。按照 WHO 最新的糖摄入指南推荐，我们每天的糖摄入量不应超过 50 克，最好控制在 25 克以内。现在有些辣条产品的营养成分表明显的标出了糖的含量，每吃 100 克产品相当于摄入添加糖 23.4 克，已经接近 25 克。

所以对于辣条，我们还是少吃为好。1 周不超过 1 次。

让饮食成为孩子良好视力的小帮手

再高级的眼镜，也比不上天生的好眼睛。但是很多家长却以为，孩子视力减退是悄悄发生的，等到发现视物模糊时，木已成舟，为时已晚。只能一味地砸重金配好镜片，其实不然，对于近视，预防比治疗更有效。

近年来，近视的发生有逐渐提早至学龄前幼儿的趋势。值得注意的是，年纪愈小的近视患者，度数加深速度愈快，成为高度近视的几率也愈高，而高度近视更是日后引起视网膜剥离、青光眼等眼部疾病的危险因素。要想保持正常视力，不成为近视眼，最重要的是不能长时间近距离视物，要养成良好的读写习惯，且读写时要有充足的采光照明，每天最好有 1 小时的户外活动，坚持做眼保健操，减少电子产品的使用等。

当然，除了以上老生常谈的内容，均衡的饮食也是保护视力的有益因素。那么饮食和眼睛的关系是怎样的？有研究曾对 5830 余例屈光不正儿童进行头发中相关多种微量元素含量的测定，结果发现其中绝大多数近视眼患者均有不同程度的缺钙、缺锌，尤以缺钙为主，因此，缺钙可以被认为是诱发近视的重要因素之一。

牛奶、豆制品、深色蔬菜中含量丰富的钙。孩子平时饮食中，要注意补充这些含钙丰富的食品。此外，猪肝、蛋黄、奶、深色蔬菜水果中的维生素 A、胡萝卜素、叶黄素等营养素，鱼虾肉蛋奶和豆制品中富含的优质蛋白质，海鱼中的 DHA 等，都是对保护视力非常重要的营养素。还有，经常吃一些有硬度的食物如坚果、水果、玉米等，咀嚼过程会加强眼肌的锻炼，对视力也有保护作用。

此外，甜食是儿童近视发生的危险因素之一。大量食用甜食影响血氧结合功能，增加颅内血管运行压力，影响眼部供血。过多的糖分摄入，糖代谢需要消耗大量与视神经功能密切相关的维生素 B_1，一旦维生素 B_1 缺乏将阻碍乙酰胆碱生成，从而引起视神经传导障碍，影响眼睛角膜、屈光度调节肌的正常功能，导致视力减退。

最后，我们来做个总结：要想视力好，最重要的是保证充足的户外活动，养成良好的用眼习惯。还要饮食上不偏食、不挑食，少吃或不吃甜食和含糖饮料，多喝牛奶，多吃蔬菜水果尤其是深色蔬果，适当吃鱼禽肉蛋和坚果等。

控制体重，要从娃娃抓起

进入 21 世纪以来，我国儿童超重肥胖率呈快速增长趋势，已经成为严重的公共卫生问题。《中国居民营养与慢性病状况报告（2020 年）》显示，当前我国 6~17 岁儿童青少年超重和肥胖率近 20%，相当于每 5 个孩子里就有 1 个超重或肥胖。

肥胖是由多种因素引起的，因能量摄入超过能量消耗，造成体内脂肪积聚过多达到危害健康程度的一种慢性代谢性疾病。肥胖会影响到心血管系统、内分泌系统、呼吸系统、消化系统、骨骼系统等多个系统的健康，肥胖的孩子更容易发生代谢异常。北京市在 2017 年对部分小学生和初一年级学生所做的调查中发现，胖孩子血脂异常、高尿酸血症的检出率分别是体重正常孩子的 2 倍、5.7 倍。肥胖还会导致心理－行为问题，对孩子的健康成长造成影响。

1. 怎么去客观评价孩子的体型？

以体质指数 BMI 来评价。BMI（千克 / 米 ^{2}）= 体重（千克）/ 身高 ^{2}（米 ^{2}）

6~18岁学龄儿童青少年性别年龄别BMI筛查超重与肥胖界值(千克/米^2)

年龄(岁)	男生		女生	
	超重	肥胖	超重	肥胖
6.0~	16.4	17.7	16.2	17.5
6.5~	16.7	18.1	16.5	18.0
7.0~	17.0	18.7	16.8	18.5
7.5~	17.4	19.2	17.2	19.0
8.0~	17.8	19.7	17.6	19.4
8.5~	18.1	20.3	18.1	19.9
9.0~	18.5	20.8	18.5	20.4
9.5~	18.9	21.4	19.0	21.0
10.0~	19.2	21.9	19.5	21.5
10.5~	19.6	22.5	20.0	22.1
11.0~	19.9	23.0	20.5	22.7
11.5~	20.3	23.6	21.1	23.3
12.0~	20.7	24.1	21.5	23.9
12.5~	21.0	24.7	21.9	24.5
13.0~	21.4	25.2	22.2	25.0
13.5~	21.9	25.7	22.6	25.6
14.0~	22.3	26.1	22.8	25.9
14.5~	22.6	26.4	23.0	26.3
15.0~	22.9	26.6	23.2	26.6

续表

年龄（岁）	男生		女生	
	超重	肥胖	超重	肥胖
15.5~	23.1	26.9	23.4	26.9
16.0~	23.3	27.1	23.6	27.1
16.5~	23.5	27.4	23.7	27.4
17.0~	23.7	27.6	23.8	27.6
17.5~	23.8	27.8	23.9	27.8
18.0~	24.0	28.0	24.0	28.0

参照中华人民共和国卫生行业标准《学龄儿童青少年超重与肥胖筛查》（WS/T 586-2018）界值表，当被检者 BMI 值大于或等于相应年龄、性别组的超重值，而小于相应组段的肥胖值时，判断为超重；当被检者 BMI 值大于或等于相应年龄、性别组的肥胖值时判断为肥胖。

（1）家庭怎么给孩子测量身高

测量工具：可以在墙上贴卡通身高图，使用之前，用钢尺校准一下。

测量时间：最好是清晨，是孩子一天当中身高最高的时候。

测量方法：孩子脱去鞋子和厚袜子，女孩子解开发辫，立正姿势站在平坦地面上，足跟、骶骨部及两肩胛间区与墙面身高线相接触（即三点靠立柱），眼睛平视前方。

家长站在孩子一侧，将带直角的尺子，一条直角边沿墙慢慢下滑，直至另一条直角边轻压于孩子头顶，家长双眼应与尺子等高进行读数。以厘米（cm）为单位，精确到小数点后一位（如 120.8 厘米）。

（2）家庭怎么给孩子测量体重

测量工具：家庭常用的是电子秤。

测量时间：早上起床，排便后、进食前。

测量方法：体重秤放在平坦地面上，孩子只穿内衣裤或者单薄的衣物，站立在秤的中央。读数以千克（kg）为单位，精确到小数点后一位（如30.1千克）。

2. 造成儿童肥胖的原因是什么？

原因有很多，社会文化、母亲孕期营养等都有影响。对于个人而言，除了遗传，自身的生活方式，也就是饮食和运动习惯是重要的原因。肥胖孩子有许多相似的饮食和生活习惯，比如：

（1）喜吃能量密度高的食物。相同重量的食物，提供能量越多的，能量密度也就越高，越容易让人发胖。同样100克的饼干、馒头和玉米，提供的能量分别是570千卡、221千卡、50千卡。所以相对来说，饼干是能量密度较高的食物。对孩子而言，一下子吃下5块饼干是很容易的事情。而5块普通大小饼干的能量=80克馒头=350克玉米。一般来说，油多、糖多、水分少的食物容易是能量密度高的食物，油炸食品、薯片、汉堡等等都属于这一类，要少吃。

（2）爱喝含糖饮料。含糖饮料除了糖的问题，能量也不低。比如500毫升的可乐，能量相当于100克馒头。200毫升的纯葡萄汁，能量相当于40克馒头。另外不吃早餐、进食过快、睡前进食、边看电视边吃零食、经常在外就餐、家庭烹调用油多等等都是胖孩子常见的饮食习惯。

（3）活动量不足，不太动。身体活动方面，胖孩子多存在体育锻炼不足、不爱做家务、静态活动多等习惯。

3. 如何控制孩子的体重?

最重要的是改变生活方式，吃动两平衡。

（1）饮食健康指导

一日三餐定时定量，尽量不吃零食和夜宵，偶尔食用时也应以低糖、低脂肪的水果、蔬菜作为零食。每天吃早餐，吃好早餐，避免中午因饥饿而食用过多食物。

好早餐的简单判断方法是：必有主食（谷薯类），另外在蔬果类、奶或大豆类、鱼禽畜蛋类中至少选择两类。

粗细搭配，每天至少有一餐以全谷物为主食，如午餐或晚餐为粗杂粮。多吃蔬菜，做到餐餐有蔬菜，每天 300~500 克（深色蔬菜占一半），种类不少于 3 种。

给予适量的鱼虾、瘦肉、蛋、大豆及豆制品。建议增加大豆类食品的摄入，可增加到 100 克 / 天，同时相应减少畜禽肉类的摄入。以低脂 / 脱脂牛奶代替全脂牛奶。

烹调时多采用蒸、煮、凉拌和快炒，少用油，不用煎和炸。

用小号餐具进餐，每餐细嚼慢咽，减慢吃饭速度，每餐吃七八分饱。

多在家吃饭。

（2）身体活动指导

积极参加体育活动。每天至少 1 小时中高强度身体活动，常见的快走、跑步、骑车、球类运动、游泳、轮滑、舞蹈等等都属于此类。如果没有 1 小时整块的时间，可分散成若干次，每次 10~20 分钟的活动。胖孩子最开始可能运动能力较差，要循序渐进，逐渐达到每天 1 小时甚至更多时间的运动量。

见缝插针多活动。比如课间到教室外走走、多做家务、以走楼梯代替坐电梯等。减少静态活动时间，看电视、玩电脑、打游戏等每天不超过 2 小时，越少越好。课外做作业每隔 40 分钟，活动 10 分钟，避免久坐。

最后要提醒家长，胖孩子不是单纯的只追求减轻体重，而是让身高的增长快于体重的增长，这样孩子的生长曲线能逐渐回归正常。如确需减重，请寻求专业的医师或营养师的帮助。

掉以轻心的三件事，正是孩子健康的“定时炸弹”

假期到了，许多孩子彻底放松了，家长对孩子的饮食、作息也放宽了许多。适当的休息放松对于缓解一学期紧张的学习生活是十分必要的，但要谨防三过度问题，即过度吃、过度喝、过度坐。

第一，预防过度吃：三餐定时定量，不偏食，不暴饮暴食

假期里不用再每天早起上学，属于自己的休闲娱乐时间也大大增加了，有的孩子因此改变了生活规律，如早上不起床，不吃早饭。要知道早餐对孩子的生长发育起着关键作用，营养充足的早餐应至少包括谷薯类、肉蛋类、奶豆类、果蔬类中三类及以上的食物。例如家长可以给孩子准备一袋牛奶、一碗西红柿鸡蛋面、一个苹果；或是一杯豆浆、一个鸡蛋、一个香菇肉包，轻松搞定营养早餐。

有些家长认为放假了孩子想吃什么就吃什么，吃多点儿也无所谓，家长的放纵容易使孩子出现挑食、偏食、暴饮暴食等不良的饮食行为。

在假期放松的同时仍要坚持三餐定时定量，多吃蔬菜水果、奶类、大豆，适量吃鱼、禽、蛋、瘦肉，不偏食，不暴饮暴食。

第二，预防“过度喝”。合理选择零食，不喝或少喝含糖饮料

假期孩子休息在家，没有了学校的约束，零食随时可以吃到。尤其是中午，有些自己在家的孩子就拿零食当午餐，时间长了，可能会出现营养素摄入不均衡，进而影响孩子的正常生长发育。因此，家长在假期要保证孩子的三餐正常摄入，而不要给孩子准备过多的零食，尤其要控制孩子喝含糖饮料的次数和数量。

家长要学会巧用营养标签给孩子选择健康零食。处于生长发育阶段的儿童青少年可选择蛋白质含量高的零食，超重肥胖的孩子更应关注能量、碳水化合物、脂肪等信息，需注意钠含量不宜过高。

第三，预防“过度坐”：保证充足的活动时间

假期孩子在家看电视、玩电脑、玩手机的时间太久。家长要提醒孩子不要长时间久坐和看屏幕，每天屏幕时间不超过 2 小时，越少越好。每坐 1 小时，都要进行身体活动。

每天保证至少 60 分钟中等以上强度的身体活动，例如快步走、骑车、跳舞、跑步、游泳、跳绳、球类运动、爬山等。增加户外活动时间，强健体魄，改善孩子维生素 D 的营养状况，还能减缓近视的发生发展，一举多得。此外，注意劳逸结合，保证充足的睡眠时间。

好膳食助力升学考试

一个好的身体状态，对初三、高三的考生是极其宝贵的，好的膳食不仅要遵循《中国居民膳食指南（2022）》八条膳食准则，还要特别注意：

1. 保证食品安全，预防食源性疾病

①要注意考前及考试期间的饮食安全，不吃腐败变质及过期食物。

②不要标新立异，尝试自己没吃过的食物，避免导致肠胃不适和食物过敏。

③少吃各种甜食。

④不建议考前盲目食用保健食品临时进补，合理均衡的膳食及充足的睡眠、适量运动远比保健品对其身心有益。

⑤注意个人卫生，勤洗手。使用公筷公勺，加强餐具消毒。

2. 增加优质蛋白及蔬果摄入，提高机体免疫力

紧张的学习，过大的心理压力都会对机体的免疫力造成一定影响，这段时间可适当增加两类食物的摄入。

（1）增加富含优质蛋白的食物摄入

包括鱼、禽、肉、蛋、奶等动物性食品及大豆和大豆制品。在鱼类的选择上，建议多选择富含 EPA 和 DHA 的海水鱼，美味又益脑；禽类

最好去皮后食用，畜肉则应选择瘦肉，以免在补充蛋白质的同时，额外增加了过多脂肪的摄入；蛋类营养丰富，尤其是蛋黄，富含磷脂和胆碱，可增强记忆力，吃鸡蛋千万不要丢弃蛋黄；奶类富含优质蛋白、钙，且含有的牛磺酸是大脑最需要的氨基酸之一，睡前喝 1 杯奶还有缓解压力，促进睡眠的作用；大豆及豆制品所含的大豆蛋白也是容易被人体吸收利用的优质蛋白，豆浆可在早餐中与牛奶替换食用，豆制品在正餐中可以替换一部分畜肉，原味豆干作为零食也是不错的选择。

（2）增加蔬菜水果的摄入

这类食物含有丰富的维生素、矿物质和植物化学物，在预防疾病、提高机体免疫力方面发挥着重要作用。尤其是深色蔬菜水果，包括深绿色、红色、橘红色和紫红色蔬果，更具有营养优势。如深色蔬菜中的类胡萝卜素在体内可以转化成维生素 A，维生素 A 充足时，皮肤和机体保护层才能维持正常的抗感染作用。维生素 A 还可以提高免疫功能，又被称为抗感染维生素。水果中含有丰富的维生素 C，具有抗氧化作用，能降低机体氧化应激程度，提高抗氧化防御能力。蔬菜和水果中含有植物化学物、有机酸和芳香物质等，有助于食欲不佳的考生增加食欲。植物化学物还有抗氧化、减少身体应激反应的作用。所以要多吃蔬菜和水果，保证充足的维生素摄入。

3. 每餐要有主食，保证大脑供能

增强考生的营养是考前共识，但营养不只是肉蛋奶，而是多样的食物，均衡的搭配，其中就包括每餐必须提供的主食。主食主要提供碳水化合物，被人体消化吸收后，直接转化成葡萄糖，是大脑最直接、最经济的能量来源。因此每餐必须要提供主食。建议尽量做到多样化，在精米白面的基础上增加 1/3 的全谷物、粗杂粮、薯类等，既增加营养，又改善风味。

4. 适当零食与加餐作为正餐的补充

面对应考的压力，一些学生食欲下降，正餐摄入不足；或是学习更加紧张，能量消耗大于以往。在这种情况下，可在两餐之间增加少量零食或加餐，作为正餐的补充。零食以新鲜水果、奶类、少量原味坚果为宜。若孩子正餐主食吃得不够，可以用少量饼干、全麦面包等作为补充，且零食的量以不影响正餐为宜。

学习强度大的时候，晚间可以适当加餐。加餐要少而精，以软食、稀食为主，少吃或不吃油脂及不易消化的食物，且与睡觉时间间隔 1 小时以上，如新鲜干净的水果、牛奶、少量的馄饨、杂粮面条等都是不错的选择。

温馨提示：考前的两个月是紧张备考的关键时期，只有做到清洁卫生、口味清淡、食物多样、合理搭配，才能为考生们加油助力。

四、节日饮食，健康第一

合理膳食
避免逢节“胖三斤”

随着生活水平的提高，人们开始追求口福，尤其是每逢节假日人们更是想吃什么就吃什么，爱吃什么就吃什么，愿意吃多少就吃多少，再加上人们活动量比上班时要少，又常常睡个懒觉，宅在家里不运动，几天假期过去长上几斤体重。有些人因为进食不规律、暴饮暴食，还可能造成急性胃肠炎、胰腺炎等。因此，每逢假日最好注意调整一下自己的饮食，应该比平时更清淡些，适量运动，减少脂肪的堆积，减少体重的增加。

节假日里合理安排膳食，控制总能量的摄入。饮食尽量清淡，吃易消化、少油腻的食物，优选水产品或脂肪含量低的动物性食物，一般来说每天吃 120~200 克即可。多吃新鲜蔬菜水果，蔬菜每天 300~500 克，水果 200~350 克。如果你抵挡不住美食的诱惑，一不小心吃多了，那就运动起来，可以选择自己喜欢的健步走、慢跑、骑自行车、羽毛球、游泳等有氧运动，把多余的能量消耗掉。

比如，1 名 66 千克的男性吃掉一串约 50 克的羊肉串，摄入的能量约为 100 千卡，那么需要运动多长时间才能消耗掉？

常见身体活动强度和能量消耗表

活动项目		身体活动强度（MET）		能量消耗量［千卡/（标准体重*10分钟）］	
		3低强度；3~6中强度；7~9高强度；10~11极高强度		男（66千克）	女（56千克）
家务活动	整理床，站立	低强度	2.0	22.0	18.7
	洗碗，熨烫衣物	低强度	2.3	25.3	21.5
	收拾餐桌做饭或准备食物	低强度	2.5	27.5	23.3
	擦窗户	低强度	2.8	30.8	26.1
	手洗衣服	中强度	3.3	36.3	30.8
	扫地、扫院子、拖地板、吸尘	中强度	3.5	38.5	32.7
步行	慢速（3千米/小时）	低强度	2.5	27.5	23.3
	中速（5千米/小时）	中强度	3.5	38.5	32.7
	高速（5.5~6千米/小时）	中强度	4.0	44.0	37.3
	很快（7千米/小时）	中强度	4.5	49.5	42.0
	下楼	中强度	3.0	33.0	28.0
	上楼	高强度	8.0	88.0	74.7
	上下楼	中强度	4.5	49.5	42.0
跑步	走跑结合（慢跑成分不超过10分钟）	中强度	6.0	66.0	56.0
	慢跑，一般	高强度	7.0	77.0	65.3
	8千米/小时，原地	高强度	8.0	88.0	74.7
	9千米/小时	极高强度	10.0	110.0	93.3
	跑，上楼	极高强度	15.0	165.0	140.0
自行车	12~16千米/小时	低强度	4.0	44.0	37.3
	16~19千米/小时	中强度	6.0	66.0	56.0

续表

活动项目		身体活动强度（MET）		能量消耗量［千卡/（标准体重*10分钟）］	
		3低强度；3~6中强度；7~9高强度；10~11极高强度		男（66千克）	女（56千克）
球类	保龄球	中强度	3.0	33.0	28.0
	高尔夫球	中强度	5.0	55.0	47.0
	篮球，一般	中强度	6.0	66.0	56.0
	篮球，比赛	高强度	7.0	77.0	65.3
	排球，一般	中强度	3.0	33.0	28.0
	排球，比赛	中强度	4.0	44.0	37.3
	乒乓球	中强度	4.0	44.0	37.3
	台球	低强度	2.5	27.5	23.3
	网球，一般	中强度	5.0	55.0	46.7
	网球，双打	中强度	6.0	66.0	56.0
	网球，单打	高强度	8.0	88.0	74.7
	羽毛球，一般	中强度	4.5	49.5	42.0
	羽毛球，比赛	高强度	7.0	77.0	65.3
	足球，一般	高强度	7.0	77.0	65.3
	足球，比赛	极高强度	100	110.0	93.3
跳绳	慢速	高强度	8.0	88.0	74.4
	中速，一般	极高强度	10.0	110.0	93.3
	快速	极高强度	12.0	132.0	112.0
	慢速	中强度	3.0	33.0	28.0
	中速	中强度	4.5	49.5	42.0
	快速	中强度	5.5	60.5	51.3

续表

<table>
<tr><th colspan="2" rowspan="2">活动项目</th><th colspan="2">身体活动强度（MET）</th><th colspan="2">能量消耗量［千卡/（标准体重 *10 分钟）］</th></tr>
<tr><th colspan="2">3 低强度；3~6 中强度；7~9 高强度；10~11 极高强度</th><th>男（66 千克）</th><th>女（56 千克）</th></tr>
<tr><td rowspan="4">游泳</td><td>踩水，中等用力，一般</td><td>中强度</td><td>4.0</td><td>44.0</td><td>37.3</td></tr>
<tr><td>爬泳（慢），自由泳，仰泳</td><td>高强度</td><td>8.0</td><td>88.0</td><td>74.7</td></tr>
<tr><td>蛙泳，一般速度</td><td>极高强度</td><td>10.0</td><td>110.0</td><td>93.3</td></tr>
<tr><td>爬泳（快），蝶泳</td><td>极高强度</td><td>11.0</td><td>121.0</td><td>102.7</td></tr>
<tr><td rowspan="6">其他活动</td><td>瑜伽</td><td>中强度</td><td>4.0</td><td>44.0</td><td>37.3</td></tr>
<tr><td>单杠</td><td>中强度</td><td>5.0</td><td>55.0</td><td>46.7</td></tr>
<tr><td>俯卧撑</td><td>中强度</td><td>4.5</td><td>49.5</td><td>42.0</td></tr>
<tr><td>太极拳</td><td>中强度</td><td>3.5</td><td>38.5</td><td>32.7</td></tr>
<tr><td>健身操（轻或中等强度）</td><td>中强度</td><td>5.0</td><td>55.0</td><td>46.7</td></tr>
<tr><td>轮滑旱冰</td><td>高强度</td><td>7.0</td><td>77.0</td><td>65.3</td></tr>
</table>

图片来源《中国居民膳食指南（2022）》。

计算式：$运动时间 = \frac{食物能量}{能量消耗量} \times 10$

能量消耗量：标准体重运动 10 分钟所消耗的能量，男性标准体重为 66 千克，女性为 56 千克。

66 千克男性中速步行（5 千米 / 小时）10 分钟消耗的能量为 38.5 千卡，所以吃掉 1 串 50 克的羊肉串，大约需要步行 26 分钟。如果慢跑需要 13 分钟；中速跳绳 10 分钟；瑜伽 23 分钟；上下楼 20 分钟；打篮球 15 分钟；拖地 26 分钟；做饭、收拾餐桌 36 分钟。

年夜饭外出聚餐，不能只图好吃而忽视食品安全

新春佳节，阖家团圆少不了聚餐下馆子。但在品尝美味的同时，一定不要忽视食品安全！

1. 要慎重选择就餐地点

外出就餐应选择持有有效《食品经营许可证》（或《餐饮服务许可证》）、餐饮服务食品安全量化分级较高的正规餐饮服务单位就餐，尽量不去卫生状况差、无证经营的餐饮单位及路边露天饮食小摊点就餐。

2. 慎选高风险的食品

要注意辨别食物颜色和外观是否正常，是否有异物或异味，如发现异常，要立即停止食用。鲜黄花菜、没有烧熟煮透的四季豆等本身具有毒性，尽可能不要食用；一些水产品如蝲蛄、石蟹等是寄生虫的中间宿主，建议不要生食，一定要烧熟煮透以后才能食用。凉拌菜容易滋生细菌，因此建议谨慎选择。

3. 注意餐饮具及个人卫生

在外就餐建议选择经过高温消毒的餐具，提倡分餐制，建议使用公筷；就餐前要注意洗手。

在吃火锅这样烤涮类的食品时要注意，锅内汤汁滚沸为佳，菜料食

物若不等煮熟即吃，病菌和寄生虫卵未被彻底杀死，易引发疾病；吃烧烤时，不吃烤焦的部位；吃自助餐时也特别要注意食物的新鲜程度等。

如果所点的食物没有吃完，我们经常会打包回去。打包的菜肴是微生物的理想繁殖场所，再次食用之前一定要经过重新彻底加热。

就餐后，一旦发生恶心、呕吐、腹痛和腹泻等食物中毒典型症状时，要及时到医疗机构就诊。同时注意保留所进食的剩余食品、呕吐物、排泄物、就诊的单据、检验报告等，这些可以在后续处理中作为证据。

巧吃元宵和汤圆，健健康康闹元宵

元宵节又称上元节，是春节后的第一个重要节日。说到节日，必然离不开吃。元宵节的特色美食当然是北方的元宵、南方的汤圆。两者的原料相同，都是糯米为皮，加以各种馅料，但制作方式有所不同。元宵是“摇”出来的，汤圆是“包”出来的。

无论是元宵还是汤圆，都寓意着团团圆圆、和和美美。除了美好寓意外，吃一口都是软糯 Q 弹，甜香满口，因此深受大家的喜爱。但这里要提醒大家的是，美味不可多食，尤其在逢年过节时，更要注意饮食营养和食品安全。

从营养上看，元宵汤圆的外皮原料为糯米，过量食用容易引起消化不良，产生胃酸过多，腹胀、腹痛等症状，尤其对于儿童、老年人及脾胃虚弱者，由于胃肠系统功能不完善，食用过多会加重胃肠负担，因此一定要适量。另外，为了符合制作工艺的要求和增加口感，元宵 / 汤圆的馅料大都含有较多的糖和油脂，吃得过多也容易长胖，为“逢节过年胖三斤”做了贡献。

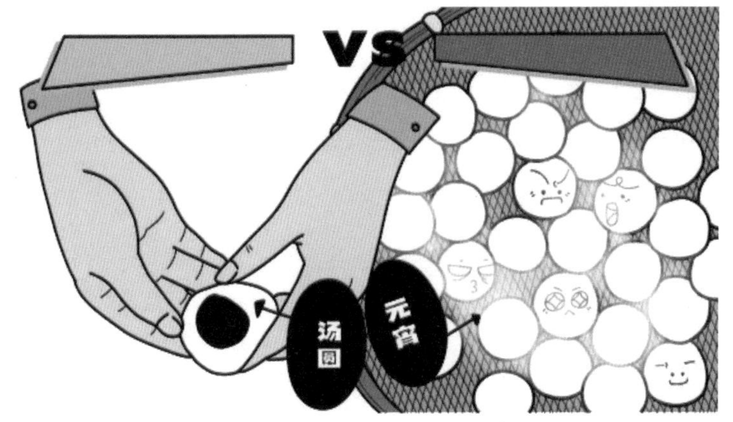

再有，元宵 / 汤圆所含的营养成分较单一，除碳水化合物、脂肪（产生能量）外，其他营养素含量很少，因此不宜将元宵 / 汤圆作为正餐食用。

在食品安全方面，值得注意的是幼儿及存在吞咽问题的老人在吃元宵汤圆，尤其是小个头的元宵 / 汤圆时，还要注意细嚼慢咽，不要囫囵吞入，避免呛入气道，发生窒息。另外，相较于可速冻保存的汤圆，元宵大多是现做现卖，不易保存，如保存不当，在煮制时会出现发红的情况，可能是由于糯米粉污染了霉菌，在保存温度过高时大量繁殖，水煮后便呈现出红色。一旦出现这种情况，说明元宵已变质，不能再食用。

那么应当如何巧吃元宵 / 汤圆，健健康康过完年呢？

1. 首先要在正规商家选择购买，并注意保存条件和时间，元宵最好现买现吃，若煮制后变红则要丢弃。

2. 对于需要控制能量摄入的人群，可以通过外包装上的营养成分表选择能量稍低的品种（下方表格为几种汤圆的营养成分比较。元宵多为现制现售，按国标要求，可以不标注营养成分表）。

汤圆营养成分表

名称	配料	能量（千焦）	蛋白质（克）	脂肪（克）	碳水化合物（克）	钠（毫克）
黑芝麻汤圆	糯米粉、水、人造奶油、黑芝麻、淀粉、白砂糖、葡萄糖、花生、白芝麻	1466	4.8	25	23.7	10
无糖黑芝麻汤圆	白糯米粉、速冻食品专用油、黑芝麻、白芝麻、食用淀粉、木糖醇、瓜尔胶、黄原胶	1238	3.9	11.4	44.1	8
玫瑰花汤圆	预拌粉（糯玉米淀粉等）、水、白砂糖、速冻食品专用油、山药、玫瑰花馅、藕粉、奶粉、小麦粉等	958	1.3	6.4	41.1	24

可以看出无论什么馅的元宵，能量都不低。吃元宵时应减少主食摄入，并选择全谷物或者杂豆类作为这一餐的主食，搭配一些凉拌菜或者水果。因为糯米粉属于精加工谷物，其中的膳食纤维和 B 族维生素损失严重，全谷物和杂豆富含 B 族维生素、蔬菜和水果中膳食纤维丰富，可以有助于食物多样、营养均衡。

例如，小明每顿吃一碗白米饭。如果今天吃了一碗元宵，那么主食可以减量为 1/3 碗杂豆饭或者一小块红薯，并搭配一份西芹腐竹。

3. 现在很多人喜欢油炸汤圆，无疑在汤圆的基础上又增加了油脂和能量。因此，汤圆还是建议水煮。

4. 食用元宵 / 汤圆最好在早上或中午，易于消化，并尽量用水煮的方法，不要使用油炸，以免增加能量摄入。

5. 每次食用的量不能多，不要把它们当作一餐的主要食品，同时最好搭配些新鲜蔬菜，帮助消化。幼儿及老人食用要防止呛入气道，过小的孩子最好不要食用。

教你 pick 有颜有料的中秋月饼

八月十五月儿圆，中秋月饼香又甜。月饼是中秋佳节的灵魂。然而关于月饼的那些事，你都知道吗？

1. 保证食品安全

在吃月饼前要看清包装上的生产日期、保质期，同时注意标签标识上的贮存条件，尤其是一些特殊的月饼（如鲜花、水果、蔬菜、冰淇淋月饼等）。另外新鲜制作的月饼外形丰满，花纹清晰，色泽鲜亮，外表油亮，口感绵软。陈旧劣质月饼色泽不正，暗淡不亮，发污发干，闻起来有异味或哈喇味，这类月饼不应食用。

2. 少吃多尝，快乐分享

总体来说，月饼的营养特点是高能量、高脂肪、高糖。在全家团聚的时候，老年人可将月饼当作应景的食物，少吃多尝，分着吃。一家人分享每 1 块月饼，这样可以无论是双黄莲蓉、五仁、冬蓉等传统口味，还是祖国大江南北五花八门的口味，都可品尝一点，又可控制能量摄入，尽享天伦之乐。

3. 不要将月饼当早餐或正餐在食用

不论是什么种类的月饼，一般月饼包装上都有营养成分表，大概的内容包括以下几项。

营养成分表

项目	每 100 克	营养素参考值 %
能量	2342 千焦	28%
蛋白质	601 克	10%
脂肪	37.8 克	33%
碳水化合物	48.4 克	16%
钠	112 毫克	6%

通过营养标签我们可以看出：

（1）月饼能量高

从上面营养标签可以看出，如果 1 块月饼的规格是 100 克，一天吃 4 块月饼就会超过 1 整天所需的能量，况且我们在过节的时候饭菜也是极其丰富的，容易造成能量过剩。

以上面 100 克月饼能量 2342 千焦为例，100 克米饭所含的能量是 485 千焦，吃 1 块 100 克月饼相当于吃了 1 斤左右（494 克）的米饭。

月饼	蒸米饭	煮面条	馒头	猪肉里脊	小白菜	蛇果
100 克	494 克	541 克	248 克	194 克	6484 克	1202 克

（2）月饼脂肪高

100 克月饼脂肪含量 37.8 克为例，吃一个 100 克的月饼相当于吃 1 斤左右（478 克）猪肉里脊摄入的脂肪。

月饼	猪肉前臀尖	猪肉里脊	牛腩	花生仁油炸	杏仁
100 克	124 克	487 克	129 克	80 克	69 克

（3）月饼含糖量高

月饼主要是由面粉或米粉制成，即使里面不添加蔗糖，但它本身的主要成分是淀粉等碳水化合物，因此不是严格意义上的无糖月饼。市面所售的一些无糖月饼只是相对于一般含糖月饼而言，不添加精制糖，而是用其他甜味剂如木糖醇、麦芽糖醇、山梨糖醇等代替，因此，这些无糖月饼并非没有糖类（即碳水化合物）。所以无论是不是无糖月饼，糖尿病人都要适量食用。

吃月饼时，还要注意食物的合理搭配。中秋节日饭菜鱼禽蛋肉等极其丰盛，同时还要享用了高能量、高脂肪、高糖月饼，因此要注意每天三餐的食物搭配，保证食物的多样性，适量减少主食的量，多吃新鲜的蔬菜水果、少油少盐、控糖限酒。

腊八啦，美味腊八粥怎么喝更营养？

每年的农历腊月初八，屋外寒气逼人，在温暖如春的屋内吃一碗热乎乎的腊八粥，多么幸福和谐啊！

中国各地腊八粥的花样，争奇竞巧，品种繁多。以北京为例，掺在大米中的食材较多，如小米、高粱、麦仁、玉米、荞麦、燕麦、红枣、莲子、核桃、栗子、杏仁、松仁、桂圆、榛子、葡萄、白果、菱角、青丝、玫瑰、红豆、花生等，品种随意。其实腊八粥不止适合腊八这天喝，合理搭配的腊八粥，也适合经常喝。

食材广泛的腊八粥，最大的好处就是营养互补。五谷是熬制腊八粥最为重要的食材，腊八粥添加的全谷物有小米、高粱、麦仁、玉米、荞麦、燕麦、糙米。与精制谷物（精制大米和小麦粉）相比，全谷物含有谷物全部的天然营养成分，如膳食纤维、B族维生素和维生素E、矿物质、不饱和脂肪酸、植物甾醇以及植酸和酚类等植物化学物。还富含磷、钙、镁、钾等矿物质。并且，豆类与谷类食物搭配食用，可以起到很好的蛋白质互补作用。腊八粥添加的大豆类有黄豆、黑豆和青豆。这些大豆中含有丰富的蛋白质、不饱和脂肪酸、钙、钾和维生素E。大豆还含有多种有利于健康的成分，如大豆异黄酮、植物固醇、大豆皂苷等。谷类和豆类食物一起熬粥，可以起到很好的蛋白质互补作用，也是膳食纤维的最佳来源。

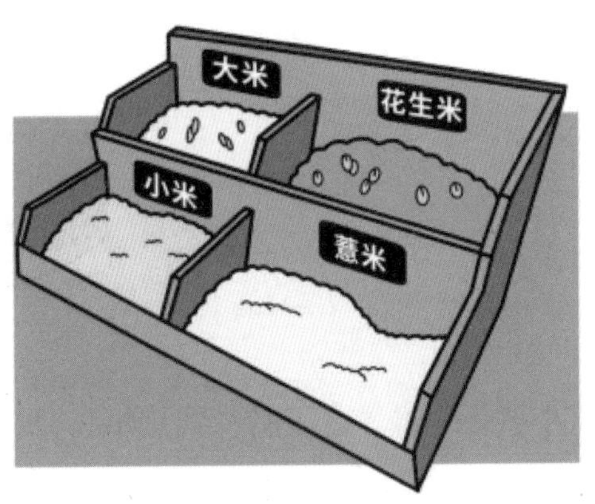

腊八粥还会添加核桃仁、松子、葵花子、花生、杏仁、栗子、莲子、白果、芡实米等坚果。这些坚果富含不饱和脂肪酸、蛋白质、矿物质、维生素 E 和 B 族维生素。适量的坚果有利于心脏的健康，改善血脂、降低心血管疾病的发病风险。

这么多食材，选购窍门是应该到正规超市购买，选购无霉变、无变质、无异味或哈喇味的食材。如果购买有包装的食材，要注意看看产品包装是否破坏，是否在保质期内。各类粮食如果被霉菌污染，可能会产生具有毒性或致癌性的真菌毒素，危害健康，要引起重视。

腊八粥营养丰富，但对于糖尿病人来说，那一定要适量。同时熬粥时不要添加白糖、冰糖和葡萄干等，选择原料最好多选择一些血糖指数相对低的食物，如燕麦、荞麦、各种杂豆等。

在给消化功能较弱的老人和儿童熬腊八粥时，应少放黄豆、黑豆等豆类，因为豆类中含有胀气因子，如食用过多，会造成肠胃不适。

DIY 美味的腊八蒜

俗话说："小孩小孩你别馋，过了腊八就是年"。腊八除了喝腊八粥，还要开始泡腊八蒜。腊八蒜的蒜字，和"算"字同音，这日子是古代商户要在腊八把这一年的收支算出来，因不宜吆喝，也为图个吉利，所以家家户户都是自己动手泡腊八蒜，自己先给自己算算，这一年的收获和来年的规划。

腊八蒜的制作很简单：

1. 选紫皮蒜，剥去外皮，用水洗后控水晾干。

2. 把蒜装进一个无油无水的干净玻璃容器，玻璃容器中倒入米醋。米醋淹没蒜。

3. 瓶口处要密封，加上一层保鲜膜，盖上盖子。加保鲜膜的目的一是增加密封，二是防止醋对瓶盖的腐蚀。

4. 腊八醋放置在阴凉处三周，不要放在温暖的房间里，最好是阳台阴凉处。大年三十蒜头变为碧绿色，吃起来也不辛辣，可以就着饺子享用。

大蒜的营养：大蒜被称作“天然抗生素”，蒜中含有大蒜素，紫皮大蒜含量较高。大蒜素生物学作用主要有三方面：抑制病原微生物生长和繁殖，抑制肿瘤细胞的生长和繁殖以及降低血脂。但大蒜素怕热，遇热后分解，生物学作用随之降低。不同烹调方式对大蒜素破坏程度不同，油炸＞蒸制＞水煮＞微波加热。

腊八蒜可以很好地保存大蒜素，但是孩子们不喜欢其中的辛辣味，可以在泡制时加入几粒冰糖，酸甜口味孩子就喜欢吃了。

五、带你走出营养认识误区

不甜 =0 糖？
0 糖 = 健康？

糖能给人带来幸福感，但是过量摄取会导致肥胖，甚至是疾病（如糖尿病等）。为了能够在倡导健康饮食的大环境下满足对甜味食物的需求，高甜度低热量的甜味剂既能减少蔗糖添加，同时又能保持食品甜味的特性，受到了人们越来越广泛的推崇。因此，众多品牌饮料外包装显著位置标有“0 糖 0 脂肪”“0 蔗糖”“无糖”等字样。那么不甜 =0 糖吗？0 糖 = 健康吗？

辟谣一："0 糖"真的无糖吗？

No！

根据《食品安全国家标准 预包装食品营养标签通则》（GB 28050）中明确规定，如果每 100 毫升饮料中碳水化合物不高于 0.5 克，可以在产品标签中注明“0 碳水化合物”或者“0 糖”。

辟谣二：喝"0 糖"饮料能减肥吗？

No！

喝“0 糖”饮料能减肥纯属欺骗大脑。无糖饮料中的糖指的是单糖和双糖，但很多无糖饮料不仅甜，而且比很多有糖饮料还甜，这是因为添加了非糖类的甜味剂（代糖）。一般甜味剂通常甜度很高，通常是蔗糖的 200 至 500 倍，有的高达 2000 倍，用量很少就能够达到与糖一样的甜度。但是无糖饮料给人低卡的感觉，过量饮用仍然有引发肥胖的风险。

辟谣三：吃了“0 糖”食品能预防糖尿病吗？

No！

并不是吃糖或者喝糖水导致患上糖尿病的。糖尿病并不是由吃糖或者喝糖水导致的，长期的摄入大于消耗才会加大患糖尿病的风险。所以食用“0 糖”食品与预防糖尿病无关。

我们要知道，绝对的无糖食品是不存在的！如果血糖稳定，在控制每日主食摄入总量的前提下可以少吃这一类的无糖食品。

最后，让我们一起来做理智消费者，认清配料标签，对无糖食品不迷信不盲从。均衡搭配一日三餐，做到吃动平衡才是保持生命健康的秘诀。

小贴士

糖曾经是一种奢侈品，要留到特殊场合才会被使用。然而近些年来它已经成为我们日常饮食的一个重要组成部分，也是饮料、糖果、糕点等美食中不可或缺的原料。喜爱甜味是人类与生俱来的天性，甜味是一种令人愉快的味道，因为，甜味分子与甜味受体相互作用，经过复杂的传递过程然后激活大脑释放神经递质多巴胺甜，可以让人产生幸福感。

口渴了才需要喝水吗？

口渴之后才应该去喝水吗？

其实当你感觉口渴时，说明身体已经明显开始缺水了。当失水达到体重的2%时，才会感到口渴，尿少等现象；当失水达到体重的10%时，会出现烦躁、全身无力、体温升高、血压下降、皮肤失去弹性等现象；失水超过体重的20%时，就会引起死亡。

水是膳食的重要组成部分，是一切生命必需的物质，也是输送营养，促进食物消化吸收代谢的重要载体。相比于成人，儿童和青少年更容易缺水。儿童和青少年处于生长发育的关键时期，身体中含水量和代谢率较高，肾脏的调节能力有限，与成年人相比，更易发生水不足或缺失，从而影响健康。多项研究发现，饮水不足会损害认知能力，约80%的学生早晨处于脱水状态，脱水会损失短期记忆力，补充水分后，短期记忆力可以得到改善。

《中国居民膳食指南（2022）》提示：不同年龄段的人对水的需求量是有不同的：

6岁儿童每天饮水800毫升；

7~10 岁儿童每天饮水 1000 毫升；

11~13 岁男生每天饮水 1300 毫升，女生每天饮水 1100 毫升；

14~17 岁男生每天饮水 1400 毫升，女生每天饮水 1200 毫升；

成人每天饮水 1500~1700 毫升（7~8 杯）。

尤其在天气炎热，运动出汗时应当增加饮水量。饮水应少量多次，不能口渴后再喝，建议每小时喝 100~200 毫升水，可以自测一下，我们平时的饮水量达标了吗？这里还要重点说一下，有的人不喜欢喝白开水，把饮料当水喝。认为每天只要 4 瓶饮料下肚，就达到饮水标准了。可这样真的好吗？

让我们先来了解一个数据：WHO 推荐的每天游离糖摄入量不超过 50 克（相当于 11 块方糖），最好不超过 25 克（约 6 块方糖）。要知道饮料里的糖都属于游离糖，是需要控制摄入的。

游离糖包括生产商、厨师或消费者在食品中添加的单糖和双糖以及天然存在于蜂蜜、果浆、果汁和浓缩果汁中的糖分。WHO 发布的《指南：成人和儿童糖摄入量》中建议，在整个生命历程中减少游离糖摄入量。

举个例子 1 瓶 500 毫升的某碳酸饮料中含糖量为 53 克，约等于 12 块方糖。

名称	容量（毫升）	含糖量（克）	相当于放糖数量（块）
冰糖雪梨	500	63	14
酸梅汤	500	60	13

你以为你喝的是水，其实是糖！有的含糖饮料并没有明确写明糖的

含量，而是以碳水化合物表示，也可以作为含糖量的参考。过量饮用含糖饮料容易使口味变重，导致超重、肥胖、龋齿等。因此我们要少喝或不喝含糖饮料，更不能以饮料代替水。

人体补充水分的最好方式是饮用白开水。白开水方便、经济又卫生，不增加能量，不会担心糖过量带来的风险。饮水时间应分配在一天中任何时刻，老年人、儿童喝水应该少量多次。

早晨起床后空腹喝一杯水，因为睡眠时的隐性出汗和尿液分泌，损失了很多水分，起床后虽无口渴感，但体内仍会因缺水而黏稠，增加循环血容量。睡前也可喝一杯水，有利于预防夜间血液黏稠度增加。

还在海淘“奶粉”？几招教你“慧”选奶粉！

母乳是宝宝最理想的天然食物，当无法进行母乳喂养或母乳不足时，就不得已要为宝宝选择奶粉，这可让不少宝妈宝爸头疼。究竟如何科学地为宝宝挑选合适的奶粉呢？

首先我们要明确，配方奶粉是 1 岁以内宝宝替代母乳的最佳食物和营养来源，不建议喝普通牛奶、儿童奶粉或成人奶粉。

根据不同月龄营养需求，宝宝的配方奶粉分为婴儿配方、较大婴儿配方和幼儿配方三种，应根据宝宝的月龄选择对应的奶粉。

如果宝宝有乳糖不耐、蛋白过敏或早产等特殊状况，则应该在医生、营养师的指导下，有针对性地选择适合的特殊医学用途配方奶粉。

有些家长费尽心力海淘奶粉，有时却“好心办坏事”。我国的婴幼儿配方奶粉相关标准，是基于我国婴幼儿生长发育的营养需求并参考国内、国外相关标准制定而成的，对奶粉中的必需营养成分、可选择成分等都进行了明确的规定。而国内外的配方奶粉标准有差异，如果海淘的国外配方奶粉中的营养成分或含量不符合我国的标准要求，可能并不适合咱自己的娃。

比如配方奶粉中的铁含量，我国标准针对婴儿（0~6 月龄）、较大婴儿（6~12 月龄）和幼儿（12~36 月龄）配方奶粉有不同的铁含量要求，而美国的婴儿配方食品标准适用于 0~12 月龄的宝宝，其含量要求与我国也有明显差异。如果海淘的婴幼儿配方奶粉的营养素含量不符合我国的标准要求，长期食用不利于宝宝的生长发育甚至引发疾病。

学会了这些，给宝宝选奶粉就不用发愁啦！

自制酸奶更好吗？

很多人都喜欢自制酸奶，认为自制酸奶添加少更健康，其实这是错误的观念。一般是不推荐大家尝试自制酸奶的。国家标准中允许发酵乳使用食品添加剂，这是生产工艺的需要，添加剂合理限量使用，并不会对人体健康产生危害。自制酸奶虽然可以不用或减少添加剂使用，但这并不意味着自制酸奶会更安全。

因为自制酸奶需要准备原料、菌种、设备等，如果利用市售预包装牛奶、酸奶产品以及酸奶机还简单一些，而如果要从自行购置生乳、菌种等做起，那难度和风险就太大了。发酵前要对原料和器具进行杀菌，而在普通家庭环境中自制酸奶，基本无法保证严格的杀菌条件，容易混入杂菌。而且普通家庭自制酸奶很难保证发酵菌种、42~45℃的最适宜生长温度等条件，容易发酵过度或发酵不足。

所以，喝了制作条件粗糙、工艺控制不严格、没有质量把关的自制酸奶，不仅没什么好处，反而会增加食品安全风险。

用"复原乳"做的酸奶更差吗?

复原乳其实就是把鲜奶经高温干燥成奶粉，然后再还原成奶的一种乳制品。因为价格相对便宜，储运等操作方便，所以许多酸奶采用复原乳做原料。如果平时大家留心，会发现超市里用复原乳做配料的酸奶，价格会更低一些。

按照国家标准的要求，全部用乳粉生产的产品应在产品名称紧邻部位标明复原乳或复原奶；在生牛（羊）乳中添加部分乳粉生产的产品应在产品名称紧邻部位标明"含 ××% 复原乳"或"含 ××% 复原奶"。

那用复原乳制作的酸奶到底好不好呢？复原乳会在高温烘干过程中损失一些B族维生素等营养物质，但总体上营养损失不大，仍然是较好的原料，大家也不用担心和刻意排斥。而商家如果用了复原乳，应如实按规定标示出来。

植物酸奶 vs 酸奶，你 pick 哪个？

你发现了吗？有一类叫作植物酸奶的产品这阵子可是火出了圈儿，很多素食人群、健身爱好者和爱美女性都是它的真爱粉。这植物酸奶是什么？跟酸奶比有什么区别？你更青睐哪一个呢？

1. 主要原料和产品类型不一样

首先，我们看看酸奶。根据国家标准，酸奶都是以生牛（羊）乳或乳粉为主要原料，属于发酵乳制品。那什么是植物酸奶呢？其实植物酸奶目前没有标准定义，它多是以燕麦、大豆、坚果、椰子等植物为原料发酵而成的。所以按目前的食品分类，它并不属于酸奶，而是一种发酵型植物蛋白饮料。

2. 营养成分有不同

很多人选择植物酸奶，可能是基于素食需求或控制体重、体脂等考虑认为植物酸奶饱和脂肪低、不含胆固醇、含膳食纤维。其实酸奶中胆固醇也并不高，更建议大家关注蛋白质和钙指标。植物酸奶与传统酸奶的蛋白质含量差不多，但从优质蛋白的角度看，部分非大豆原料的植物酸奶可能并不是优质蛋白的来源而且一般植物酸奶的钙含量比酸奶低。此外，植物酸奶也存在着隐形糖等问题，因此卡路里可不一定低。

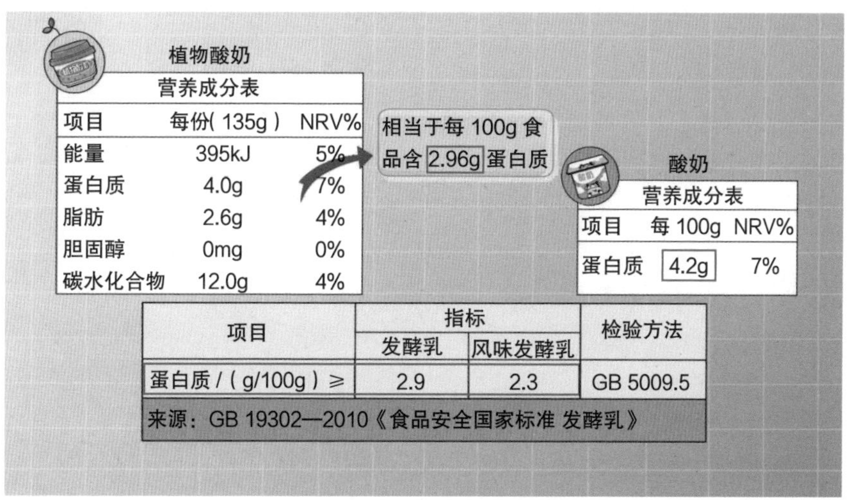

植物酸奶

营养成分表		
项目	每份（135g）	NRV%
能量	395kJ	5%
蛋白质	4.0g	7%
脂肪	2.6g	4%
胆固醇	0mg	0%
碳水化合物	12.0g	4%

酸奶

营养成分表		
项目	每 100g	NRV%
蛋白质	4.2g	7%

项目	指标		检验方法
	发酵乳	风味发酵乳	
蛋白质 /（g/100g）≥	2.9	2.3	GB 5009.5
来源：GB 19302—2010《食品安全国家标准 发酵乳》			

总之，哪个没有对错，保持平衡膳食更重要。植物酸奶可以作为日常膳食的一部分，但不建议用植物酸奶代替酸奶等乳制品。

第三部分 “慧”吃“慧”选

“豆”挺好，你吃对了吗？

大豆及其制品在我国有悠久的食用历史，但《中国居民营养与慢性病状况报告（2020年）》显示，我国居民的大豆及其制品摄入存在不足。

大豆包括黄豆、青豆和黑豆，它们富含优质蛋白、不饱和脂肪酸、钙、钾、维生素E、大豆异黄酮、植物固醇等营养成分，经常食用有益健康。《中国居民膳食指南（2022）》建议平均每天吃25克大豆或相当量的豆制品。对三口之家来说，一天能吃上约500克的南豆腐或250克左右的北豆腐，就可以满足需要。

豆制品的种类繁多，但主要可分为非发酵性豆制品和发酵性豆制品两类，只要搭配合理也可以轻松吃到推荐量的大豆类食品。比如可以早餐喝杯豆浆，午餐炒盘黄豆芽，或者晚餐来点炖豆腐，还可以适当加点豆豉、腐乳、黄豆酱等发酵性豆制品，当然要记得通过食品标签选择钠含量相对低一些的产品。此外，发酵豆乳等新型豆制品，以及多彩千张卷、翡翠豆腐包等新式做法也是花式吃豆的智慧选择。

“蚝”有料，你“慧”选吗？

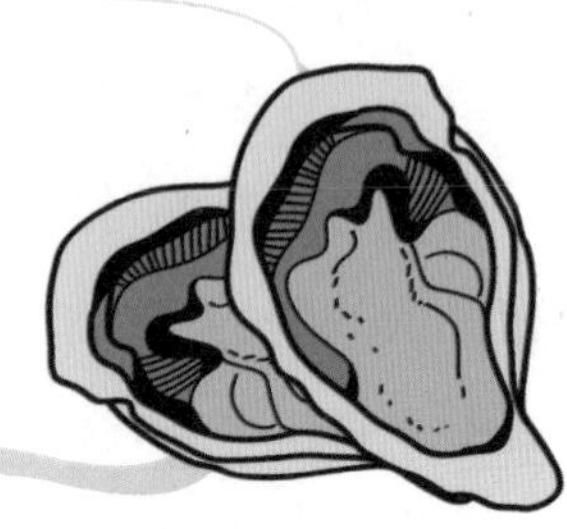

日常生活中，蚝油是大家“一招定鲜”的烹饪好帮手。但是，您“慧选慧用”吗？下面教大家两个妙招。

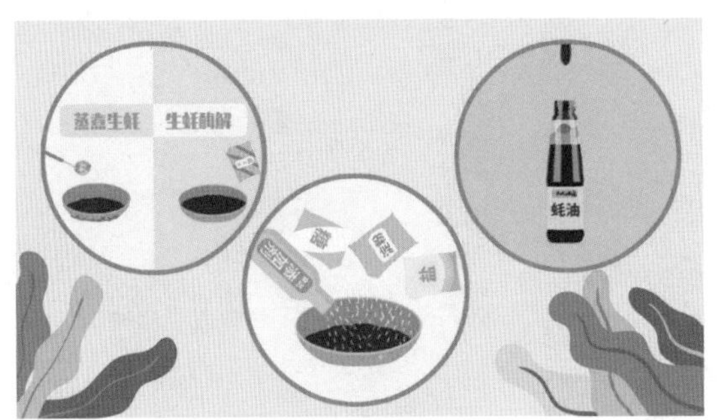

一、蚝油要“慧选”

要知道蚝油的鲜味主要来源于生蚝，将蒸煮蚝肉的汁液进行浓缩或直接将蚝肉酶解，再加上糖、盐、淀粉等原辅料及食品添加剂就制成了蚝油。选购蚝油时，一定要选择配料表中有蚝汁的产品，而且蚝汁的排序越靠前，说明其添加的量相对越多。

蚝油配料表

水，蚝汁（蚝，水，食用盐），白砂糖，食用盐，谷氨酸钠，羟丙基二淀粉磷酸酯，焦糖色，小麦粉，黄原胶，柠檬酸，山梨酸钾。

二、蚝油还要“慧用”

蚝油含有丰富的蛋白质、氨基酸等，储存不当容易发霉变质而影响其鲜味和品质。开启前可常温避光存放，但在使用后要及时放入冰箱0~4℃冷藏。此外，蚝油的嘌呤含量高，痛风或尿酸高的人应少吃。

最后，别忘了，蚝油主要用于提鲜调味，它的“盐”值不低，可别豪吃，平时做菜放一小勺足矣。如果加了蚝油调味，就要尽量减少其他含盐调味品的用量。建议大家掌握《中国居民减盐核心信息十条》，积极践行减盐等健康的生活方式，科学合理饮食。

小贴士：

中国居民减盐核心信息十条

1. 健康成人每天食盐不超过 6 克（1 克盐约等于 400 毫克钠），但目前我国居民食盐平均摄入量为 10.5 克。

2. 高盐（钠）饮食可导致高血压、脑卒中、胃癌、骨质疏松等多种疾病，大约 50% 的高血压和 33% 的脑卒中是高盐饮食导致的。

3. 全球每年 300 万人因高盐饮食死亡，减少食盐摄入是最简单有效的预防方法。

4. 口味可以培养，每人要逐渐养成每天不超过 6 克盐的习惯。

5. 多用新鲜食材，天然食物也含盐，少放盐和其他调味品，少吃腌制食品。

6. 膳食要多样，巧妙搭配多种滋味，可以减少盐用量。

7. 外餐点菜时主动要求少盐，优选原味蒸煮等低盐菜品，饮食不过量。

8. 购买加工食品，先看营养标签，少选高钠食品。

9. 儿童用盐量比成人更少，要精心设计食谱，多种味道搭配减少用盐，选择低盐零食。

10. 合理膳食，吃动平衡，多饮水，兴健康饮食新食尚。

酱油、醋，你“慧”选吗？

人间烟火味需要美味的食物，更离不开调味料的加持。可几乎每天都要吃的酱油、醋，你知道该如何挑选么？

1. 首先要注意名称

现在买酱油、醋不需要再烧脑的区分是酿造型还是配制型，根据最新的食品安全国家标准，酱油、食醋都是以谷物粮食等为原料经微生物发酵酿制而成的，只需要在购买时，注意查看食品标签的产品名称就可以了。

那些由酿造酱油、水解蛋白调味液或酿造食醋、冰醋酸配制成的产品，现在被称为复合调味料，不能再叫作酱油或食醋。

2. 要注意酱油的指标

想选出品质好的食醋、酱油，一定要看准它们的关键性指标——食醋的总酸度和酱油的氨基酸态氮。总酸含量越高的食醋，发酵越彻底，酸味越浓，发酵过程中同时产生的氨基酸、有机酸等物质也越丰富。

若酱油中没有添加谷氨酸钠等提鲜的物质，那么氨基酸态氮含量越高的酱油通常有更浓的鲜味，相对来说品质更佳。根据酿造酱油国家标准（GB 18186），特级酱油的氨基酸态氮含量要达到 0.8 克 /100 毫升，一级酱油要达到 0.7 克 /100 毫升。

学会这两个小妙招，“打酱油”“吃醋”再也不发愁啦！

运动营养食品，你 get 了吗？

2021 年 8 月 3 日，国务院印发《全民健身计划（2021~2025 年）》，进一步激发了全国人民的运动热情，运动健身相关行业、食品也随之火热。说到运动相关食品，大家平时常见的主要有运动饮料和运动营养食品。

运动饮料是一种能为机体补充水分、电解质和能量，可被迅速吸收的饮料，它的营养素及其含量可以适应运动或体力活动人群的生理特点；而运动营养食品是针对运动人群的特殊膳食食品，可以满足运动人群的特殊需求，适合每周参加体育锻炼 3 次及以上、每次持续时间 30 分钟及以上且每次运动强度达到中等及以上的人群。

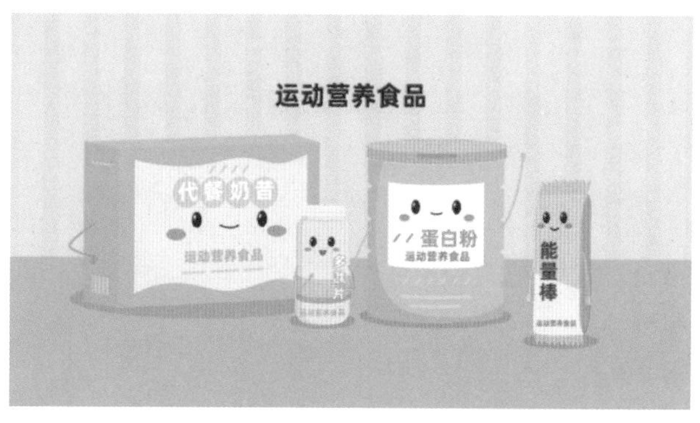

所以两类食品的执行标准、适用人群、食用方法并不一样。运动营养食品的种类很多，不同种类的运动营养食品按照营养素、运动类型进行区分设计，产品分类包括补充能量类、控制能量类、补充蛋白质类、速度力量类、耐力类、运动后恢复类。

大家平时如果运动量不太大，出汗不多，适量补充水分即可，不需要专门补充运动饮料或运动营养食品。并且，运动营养食品有每日使用量的规定，要按需合理使用。如果普通人大量长期食用专门为运动人群设计的食品，反而会对身体造成负担。

营养从选择开始！如何挑选食用油？

众所周知，食用油是传统烹饪中必不可少的东西，不仅在烹饪中起到传导热量加热食物的作用，还有助于为食物提味增色，更重要的是，食用油中含有人体必需脂肪酸，同时也是维生素 E 的重要来源之一。市面上的食用油种类繁多，到底如何选购能让自己吃的更健康的食用油呢？让我们从以下两个方面谈一谈。

一、生产工艺及品级

油脂的提取因原料不同而异，植物油的提取主要分为压榨法和浸出法，两种方法各有优势。而品级主要分为四级，从较低的四级到一级。等级越高，精炼程度越高，同时也流失了部分营养成分。一、二级油纯度高、杂质少，适用于较高温度的烹调，三、四级油不适合高温加热，但可用于炖菜、熬汤等。不论哪种等级，只要符合食品安全标准，就不会对人体产生危害，消费者可以放心选用。

二、植物油中的主要成分：脂肪酸

脂肪酸按不饱和度来分共有三大类：饱和脂肪酸（saturated fatty

acid，SFA）、单不饱和脂肪酸（monounsaturated fatty acid，MUFA，如油酸）和多不饱和脂肪酸（polyunsaturated fatty acid，PUFA，如亚麻酸、亚油酸、DHA 和 EPA）。三类脂肪酸以一定比例摄入对心脑血管健康有促进作用，有研究推荐三类脂肪酸的摄入比例应为 1∶1∶1，日本学者则建议 3∶4∶3 比例更适宜，所以该比例仍需要进一步的研究。

在多不饱和脂肪酸中，具有重要生物学意义的是 n-3 系和 n-6 系多不饱和脂肪酸。作为这两类不饱和脂肪酸代表的 α- 亚麻酸（n-3 系）及亚油酸（n-6 系）又因其为人体所必需且只能从食物中获得而被称为必需脂肪酸。不饱和脂肪酸的摄入比例以 n-6∶n-3=（4~6）∶1 为宜。

当前中国居民食用油整体消费排名较高的四种油分别是大豆油、菜籽油、花生油以及葵花籽油。以下主要针对这四种食用油的脂肪酸组成进行介绍。

1. 大豆油：作为我国食用历史最为悠久的食用油，大豆油中含有丰富的必需脂肪酸——亚油酸，此外也含有丰富的磷脂、维生素 E 等营养物质。大豆油中饱和脂肪酸比例较少而不饱和脂肪酸比例较高，高达 84%，其中以多不饱和脂肪酸占绝大比例。

2. 菜籽油：我国作为菜籽油的产量大国，居民食用量稳居食用油前列。菜籽油俗称菜油，其中含有丰富的油酸，也含有维生素 E 等营养成分。不饱和脂肪酸的比例高达 86%，光单不饱和脂肪酸就占到了 50% 以上。

3. 花生油：作为我国自给油种之一，花生油有着较高的热稳定性，适合煎炸食物，这种稳定性来源于它与另外三种食用油相比较高的饱和脂肪酸比例，即便如此，这个比例也只有 19%，占绝对比例的依旧是不饱和脂肪酸。

4. 葵花籽油：葵花籽油与大豆油一样含有丰富的亚油酸，不饱和脂肪酸的比例占到了 86% 以上，其中的多不饱和脂肪酸的比例位于四种食用油之首。

四种食用油脂脂肪酸业例

品种	SFA：MUFA：PUFA	n-6：n-3
大豆油	1：1.6：3.7	8.0：1
菜籽油	1：1.5：1.9	2.8：1
花生油	1：1.2：2.1	206.7：1
葵花籽油	1：1.4：4.9	317.1：1

虽然上述四种油因作为人们日常消费最为普遍的食用油而受到大家的喜爱，但由于这几种食用油肪酸组成的固有特点，即 n-6 系不饱和脂肪酸占部分比例而 n-3 系不饱和脂肪酸不足，长期单一摄入这类油脂易导致人体部分必需脂肪酸的缺乏。根据《中国居民膳食指南（2022）》的建议，每日食用油的摄入量应为 25~30 克。因此，建议大家根据自己的饮食习惯在膳食中适量摄入紫苏油、亚麻籽油及深海鱼类，保证 n-3 系与 n-6 系不饱和脂肪酸摄入的平衡。

食品中的反式脂肪酸，你关注了吗？

目前已知存在于自然界的脂肪酸有 40 多种，按照饱和程度可以将脂肪酸分为：饱和脂肪酸和不饱和脂肪酸；按照脂肪酸的空间结构不同可以分为：顺式脂肪酸和反式脂肪酸。

反式脂肪酸是碳链上含有一个或以上非共轭反式双键的不饱和脂肪酸及所有异构体的总称，是人体非必需脂肪酸，食品中的反式脂肪酸有两个来源，即天然来源和加工来源。越来越多的研究证实，过量摄入反式脂肪酸可增加心血管疾病的风险。但天然来源反式脂肪酸不良健康效应方面的证据，目前尚不充分。

我们常用的植物油的脂肪酸均属于顺式脂肪酸，因为植物油一般存在高温不稳定及无法长时间储存等问题，所以利用氢化的过程，将不饱和脂肪酸的不饱和双键与氢结合成饱和键，随着饱和程度的增加，油类可由液态变为固态，这一过程就称为氢化。在氢化过程中，其中有一些未被饱和的不饱和的脂肪酸空间结构可发生变化，由顺式转变为反式，成为反式脂肪酸。而反式脂肪酸不具有必需脂肪酸的生物活性。

反式脂肪酸的含量一般随植物油的氢化程度而增加，如人造黄油可能含 25~35% 的反式脂肪酸。

反式脂肪酸的危害不容小觑。研究表明，反式脂肪酸摄入量多时可升高低密度脂蛋白胆固醇，降低高密度脂蛋白胆固醇，增加患动脉粥样硬化和冠心病的危险。更可怕的是反式脂肪酸会干扰必需脂肪酸代谢，可能会影响儿童生长发育及神经系统的健康。

《中国居民膳食营养素参考摄入量（2013 版）》建议我国 2 岁以上儿童和成人膳食中来源于食品工业加工产生的反式脂肪酸的最高限量为 < 1% 的总能量，这对成人来说大致相当于每天摄入不要超过 2 克。

含有反式脂肪酸的食物在我们生活中并不少见。使用人造黄油烘焙食品如蛋糕、含植脂末的奶茶和含代可可脂的巧克力糖果等。

2012 年国家食品安全风险评估专家委员会对我国居民反式脂肪酸膳食摄入水平的评估结果显示：我国居民膳食中的反式脂肪酸主要来自加工食品，占 71%。

通常我们从超市买来的已经包装好了的食品标签上，必须写明它的配料。如果看到配料里面出现了氢化植物油、植物奶油、植物黄油、人造黄油、人造奶油、植脂末、起酥油等词语，这个时候你就要注意了，这些都是氢化植物油相关的产品，但是氢化植物油不等于反式脂肪酸。

食物中到底有没有反式脂肪酸，我们还要看看它的营养成分表。因为《食品安全国家标准 预包装食品营养标签通则》（GB 28050）中规定：如果配料中使用了氢化植物油的话，那么营养成分表中应标注反式脂肪酸的含量，但是如果反式脂肪酸的含量低于 0.3 克 /100 克或者 0.3 克 /100 毫升的话，可以标注无或者不含反式脂肪酸。

在日常生活中有几种方法可以让你远离反式脂肪酸：

（1）多选用天然食品；

（2）正确认识反式脂肪酸对健康的危害，培养良好的饮食习惯；

（3）学会看营养标签，强化消费前阅读营养标签的行为。学会看营养标签，少买或者少吃含有部分氢化植物油、起酥油、人造奶油、奶精、植脂末的预包装食品；

（4）少吃油炸食品，少用煎、炸等烹饪方法。

酸奶挑选大课堂，这些知识点你学会了吗？

酸奶种类知多少？

酸奶大家都喝过，酸酸甜甜，是膳食蛋白质和钙的重要来源。并且由于经过发酵，乳糖不耐受的人群也能放心喝，营养又健康。但市面上酸奶的种类五花八门，你知道应该如何选择吗？

我们首先要弄清，什么样的奶制品才能叫作酸奶。酸奶是由牛奶经添加微生物发酵而成的。酸奶的叫法其实是一个俗称，大家平常在酸奶包装上看到的诸如老酸奶、炭烧酸奶、优酪乳等名称只是商品名，真正的属性要看食品标签上的产品类型（产品种类）。

GB 19302《食品安全国家标准发酵乳》中列出了酸奶产品类型的四种标准名称和定义：

名称	定义
发酵乳	以生牛（羊）乳或乳粉为原料，蛋白质含量 > 2.9% 采用合乎规定的发酵菌种
酸乳	以生牛（羊）乳或乳粉为原料，蛋白质含量 > 2.9% 仅接种保加利亚乳杆菌和嗜热链球菌 2 种

风味发酵乳	以 80% 及以上生牛（羊）乳或乳粉为原料，蛋白质含量 > 2.3% 采用合乎规定的发酵菌种 添加或不添加食品添加剂、营养强化剂、果蔬、谷物等
风味乳酸	以 80% 及以上生牛（羊）乳或乳粉为原料，蛋白质含量 > 2.3% 仅接种保加利亚乳杆菌和嗜热链球菌 2 种 添加或不添加食品添加剂、营养强化剂、果蔬、谷物等

由此看来，酸奶一词更像是一个通称或俗称。我们一般所指的酸奶，有四类：发酵乳、酸乳、风味发酵乳、风味酸乳。

发酵乳是一个大概念，酸乳则是发酵乳中的一种。酸乳的发酵菌种只有保加利亚乳杆菌和嗜热链球菌两种；而发酵乳不只限于这两个菌种，只要菌种符合我国原卫生部发布的《可用于食品的菌种名单》及最新公告等相关规定，都可以添加。

也许有人会奇怪，怎么酸奶还有风味不风味之分？原来风味与否是以 80% 乳含量区分。发酵乳原料必须是纯生牛（羊）乳或乳粉，原则上不可以加糖，蛋白质含量要求≥ 2.9%，可以认为是原味。这年头，发酵乳和酸乳算是凤毛麟角了，毕竟配料只有生牛乳和发酵菌种，口味体验会差一些，但是能量相对较低。

而风味发酵乳中生牛（羊）乳或乳粉比重也不应低于 80%，可以添加食品添加剂、营养强化剂、果蔬、谷物等，蛋白质含量要求≥ 2.3%，市场上此类产品居多。

1 发酵乳

只有生牛乳和发酵菌

配料：生牛乳、保加利亚乳杆菌、嗜热链球菌、乳酸乳球菌双酰亚种

随赠蜂蜜包，以个人喜好自行添加。

2 酸乳

产品名称：0 添加糖 - 裸酸奶
产品标准号：GB 19302
储存条件：2-6℃冷藏
保质期：18 天
生产日期：见杯体打印编码
配料：生牛乳，保加利亚乳杆菌、射热链球菌

营养成分表

项目	每 100 克	营养素参考值 %
能量	321 千焦	4%
蛋白质	3.8 克	6%
脂肪	4.5 克	8%
碳水化合物	5.3 克	2%
钠	60 豪克	3%
钙	115 毫克	14%

乳酸菌数≥ 10^9cfu/100g（出厂时）

3 风味发酵乳

产品类型：风味发酵乳
配料：生牛乳（≥80%），蓝莓果酱（14%），白砂糖，淀粉，乳酸乳球菌乳酸亚种（Lactococcus lactissubsp, lactis），乳酸乳球菌乳脂亚种（Lactococcuslactissubsp, Cremoris），乳双歧杆菌（Bifidobacterium lactis）

4 风味酸乳

产品类型：风味乳酸
配料：生牛乳≥90%、白砂糖、牛奶蛋白、嗜热链球菌（Streptococcus thermophilus）、保加利亚乳杆菌（Lactobacillus bulgaricus）

营养成分表

项目	每 100 克	营养素参考值 %
能量	352 千焦	4%
蛋白质	3.1 克	5%
脂肪	3.3 克	6%
碳水化合物	10.4 克	3%
钠	60 豪克	3%

产品标准代号：GB 19302

除发酵乳、酸乳、风味发酵乳、风味酸乳外，其他名字的相关乳饮品都不是酸奶，只能算是含乳饮料或乳酸菌饮料；大家在选购时要加以

区分。

酸奶和纯牛奶，哪个更营养?

酸奶由纯牛奶发酵而成，保留了原料乳的营养成分，且在发酵过程中乳糖被微生物水解消耗，这样就算乳糖不耐受的人，喝酸奶也不用担心闹肚子了。而且牛奶中蛋白质、脂肪这些营养成分，会经过发酵变成乳酸、脂肪酸、小的肽链和氨基酸等，使酸奶更易消化和吸收，有效提高钙、磷、铁、锌等物质的吸收率。

从这里我们看出，酸奶中的营养成分都来自于牛奶，他们的营养都是差不多的。只不过酸奶经过了发酵，更适合乳糖不耐受的人群。

酸奶中的益生菌和乳酸菌是一回事吗?

益生菌是指对人体健康有益的活的微生物的总称；而乳酸菌是指能从葡萄糖或乳糖的发酵过程中产生乳酸的细菌总称。许多发酵食品比如：酸奶、酱油、泡菜等，在制作过程中都需要乳酸菌的参与。

乳酸菌大家族中一些双歧杆菌属、乳杆菌属的细菌就属于益生菌，这两类菌常常被加入到酸奶中。但不是所有的乳酸菌都属于益生菌，也不是所有益生菌都能产生乳酸。也就是说，益生菌包括了部分乳酸菌，而乳酸菌不全是益生菌。

益生菌 VS 乳酸菌

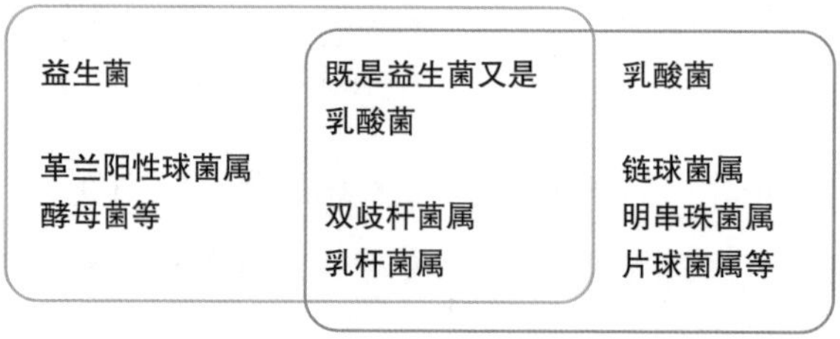

常温酸奶和低温酸奶有什么区别？是加了防腐剂吗？

从储存温度上划分，酸奶可以分为低温酸奶和常温酸奶。需要冷藏的酸奶为低温酸奶，而不需要冷藏的为常温酸奶。

冷藏酸奶一般需要在2~6℃低温储存，这是为了保持乳酸菌的活性。因为酸奶中的乳酸菌只有在低温的情况下才能保持活性，一旦温度升高，乳酸菌继续生长发酵，使酸奶发酵过度，乳酸菌失去活性，酸奶酸度改变，酸奶会很快变质胀袋。

常温酸奶不需要冷藏，常温条件下的保质期可达数月之久。这是因为它里面没有活的乳酸菌。这类奶的标准叫法是巴氏杀菌热处理风味酸乳。

巴氏杀菌热处理是两个工艺或工序的结合。巴氏杀菌是指发酵前对原料乳灭菌，而热处理指发酵完成后的再次灭菌。经过巴氏杀菌热处理的酸奶，其中乳酸菌等微生物在完成发酵使命后都被杀灭了，但同时也获得了较长的保质期，便于携带。

这里需要说明的是，常温酸奶和传统低温酸奶并没有好坏之分，营养成分上也没有太大区别。没有必要过分关注酸奶里益生菌或乳酸菌的健康功效，但如果你就是想喝带活菌的酸奶，那么建议选择低温酸奶。如果不方便冷藏、需要长时间放置，不介意没有活菌，则常温酸奶比较好。

普通酸奶、老酸奶和熟酸奶有什么区别？

普通酸奶是把生鲜牛乳经过杀菌，然后添加菌种直接发酵而成。属于搅拌型酸奶，先发酵后罐装。也就是说加入包装盒之前，酸奶就已经发酵好了。

而老酸奶是凝固型酸奶，先罐装后发酵，并加入了果胶、明胶、琼脂和卡拉胶等物质，使其凝固，让酸奶的口感更醇厚。老酸奶凝固和发酵的过程，是在加入包装盒之后进行的。

近年来又出现了一种炭烧酸奶，又称熟酸奶。它的制作工艺与普通酸奶不同。需要先进行数个小时低温烹煮，再添加乳酸菌进行发酵，从而达到赋予熟酸奶特有的炭烧风味和淡褐色外观的目的。产生淡褐色是因为牛奶中的糖类和蛋白质在高温环境下生成棕褐色物质，产生焦香气味，这是广泛存在于食品工业的一种非酶褐变，即美拉德反应，这种状态和颜色都是天然形成，并非加了色素。这种炭烧酸奶喝起来比普通酸奶口感更细腻，奶香味也更浓郁一些。

这三种酸奶制作工艺虽然略有区别，口感也不同，但营养成分差别不大，大家可以根据自己的喜好购买。

如何辨别酸奶中是否有活菌呢？

有许多消费者都非常关心酸奶中是否含有活菌。其实从三个方面都可以快速知道这个问题的答案。

一、食品标签或商品名称

我国在 GB 19302《食品安全国家标准 发酵乳》中规定，发酵后经热处理的产品应标识“× × 热处理发酵乳”“× × 热处理风味发酵乳”“× × 热处理酸乳 / 奶”或“× × 热处理风味酸乳 / 奶”。类似于这种商品名称的，是经过杀菌技术处理的，虽然保质期长，但基本没有活菌。

二、储存温度

低温储存（2~6℃）是保证乳酸菌活性的一个重要条件。常温酸奶基本上没有活的乳酸菌。如果看到酸奶的储存温度是常温保存，则说明酸奶中基本没有活菌。

三、保质期

保质期≥1个月的，基本无活菌。另外不得不提一提乳酸菌饮料。乳酸菌饮料属于饮料，不属于发酵乳，但乳酸菌饮料中的活菌辨别方法与酸奶一致。大部分活性乳酸菌饮料中的乳酸菌数量一般高于酸奶，应≥100万CFU/克（毫升）。但乳酸菌饮料蛋白质含量远低于酸奶，一般在0.7~1.0%之间，并且含糖量高。所以它俩各有所长，大家各取所需。

益生元和合生元是什么?

我们经常听到某种食品在宣传过程中说配料中添加了益生元或合生元。益生元和合生元有什么区别呢？如果我们要选择加了这些成分的食品，又应该注意什么呢？

益生元其实是相对于益生菌而存在的说法。我们肠道中生存着成千上万的益生菌，益生菌也需要吃喝拉撒。而益生元就是这些益生菌的养料，它能选择性地刺激肠道中益生菌的生长和活性代谢。让益生菌活力满满、“菌”丁兴旺。目前，市场上的益生元多为低聚糖类，如低聚果糖、低聚半乳糖等。

合生元，又称合生素，是指益生菌与益生元联合使用的生物制剂，其特点是同时发挥益生菌和益生元的作用。

有的酸奶会在宣传中称其中含有益生菌，有利于调节人体肠道微生态平衡。其实这样的说法并不科学和严谨。目前关于摄入多少益生菌可起到调节肠道的作用，学界仍无定论。益生菌在到达肠道过程中，容易被胃酸灭活，也面临一些其他考验，一般认为只有足够数量 [＞ 1 亿 CFU/ 克（毫升）] 的益生菌活着到达肠道并定植下来才可能发挥作用。因此，大家没有必要过分关注酸奶中益生菌调节人体肠道微生态平衡的健康功效。

备注：CFU，指的是菌落形成单位，指单位体积中的细菌群落总数，以其表达活菌的数量。

物以“硒”为贵，“硒”有食物稀有吗？

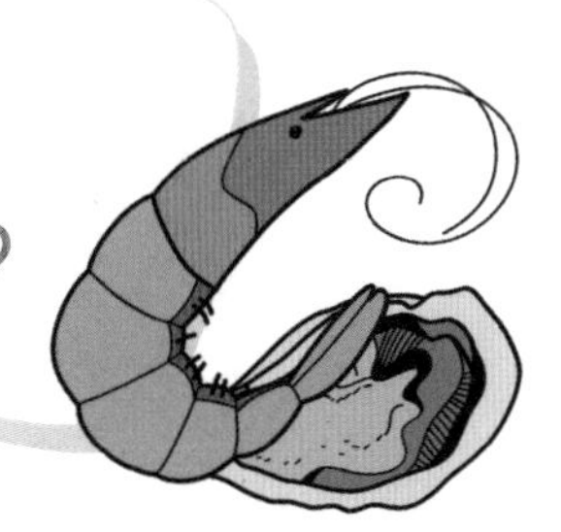

硒（Se）是 WHO 公布的人体和动物生命必需的微量元素，人体摄入的硒主要都来源于食物，你们经常可以看到一些食品包装上写着含硒，那含“硒”的食物稀有吗？

其实硒在食物中并不罕见，不同食物中硒的含量差别很大，一般动物性食品（海味、肉蛋类及动物内脏等）中的硒含量高于禾谷干豆类食品，禾谷干豆类食品又高于蔬菜水果类食品，海产食物的硒含量普遍高于淡水食物，如下表所示，这几者中的硒含量基本按照数量级的差别递减。

部分食物中的硒含量

食物名称	硒含量微克（100 克可食部计）
猪肾	156.77
牡蛎	86.64
海虾	56.41
带鱼	26.63
鸡肝	38.55
鸡蛋黄	27.01

续表

食物名称	硒含量微克（100克可食部计）
鸡蛋	13.96
鲤鱼	15.38
草鱼	6.66
猪肉	7.90
羊肉	5.95
牛肉	3.15
小麦粉	7.10
稻米	2.83
黄豆	2.03
大白菜	0.57
桃	0.47
苹果	0.10

根据中华人民共和国卫生行业标准《中国居民膳食营养素参考摄入量标准 第 3 部分：微量元素》（WS/T 578.3-2017），我国居民 1~50 岁及以上人群的硒平均需要量（EAR）为 20~50 微克 / 天。即便以 20 微克 / 天的摄入量为衡量标准，也仅有海味、蛋黄和动物内脏等食物符合需求。所以，能够满足人体营养需求的天然含“硒”食物的确稀有。这是因为我国除湖北恩施、陕西紫阳等个别地方是天然富硒地区外，全国三分之二以上的地区土壤都不同程度的缺硒。

虽然我国大部分地区缺硒，但硒对人体健康却非常重要。硒是人体重要的谷胱甘肽过氧化物酶的中心物质，硒酶具有很强的抗氧化能力，可以避免眼睛虹膜和晶状体中过氧化物的积累，降低白内障及视网膜病变的发生；清除体内自由基保护细胞过氧化，降低心肌细胞和血管纤维损伤；促进糖分代谢，降低血糖和尿糖，刺激免疫球蛋白及抗体的产生，增强机体的免疫力并影响恶性肿瘤的基因表达；硒更具有增强精子活力和性机能的功效，男性体内的硒，有 25~40% 都集中在生殖系统，所以硒又被称为男性体内的“黄金”。总之，硒对于维持眼睛、心脏、免疫及生育系统功能正常运转都有非常重要的作用。

一般来讲，如果我们平时不挑食、不偏食，平时注意均衡营养，增加食物多样性，适当摄入畜禽肉蛋类食物，内陆人群适当增加海产品或者富硒食物的摄入，基本就可以摄取到较为充足的硒。

对于全素食者、老年人，骨关节炎患者等特定人群，由于日常饮食摄入量不足或对硒的消化吸收能力下降，可能需要选用硒强化食品或硒膳食补充剂来额外增加硒的摄取。

同时我们也要注意，硒虽然重要，但并非补得越多越好。当人体的硒摄入量不足时，最好的方法是通过食物来补充，并且要注意控制食用量，不能低，也不能过高，在 WS/T578.3-2017 中，硒的成人推荐摄入量（RNI）为 60 微克 / 天，可耐受最高摄入量（UL）为 400 微克 / 天。因为摄入过多的动物性“硒”有时会引起正常人肥胖、脂肪肝等。

小贴士：

使用硒膳食补充剂时也要严格注意摄入量的控制，摄入过高的硒会出现疲劳烦躁、脱发脱甲等中毒症状，甚至导致神经系统疾病。英国一个研究小组曾进行过每日新增 200 微克硒摄入量的补硒实验，揭示长期超量补硒会升高 2 型糖尿病的发生率。

所以，尽管补硒有很多益处，但任何食物过量摄入都会对人体产生严重危害，科学地摄取“硒”有食物，才能起到促进人体健康的重要作用。

食品能“穿金戴银”吗？

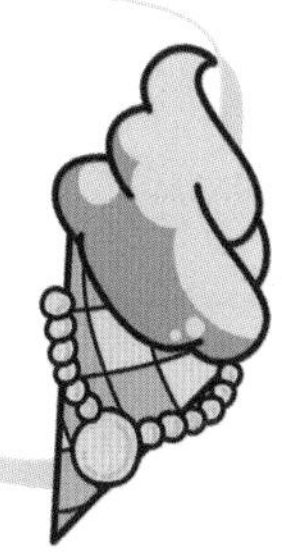

一段时间以来，金箔冰淇淋、金箔巧克力等食品的热度持续升高，噱头蛮大，受到不少人的追捧。虽然这些“穿金戴银”的网红食品价格不低，但仍然有很多人想要品味一番尝尝鲜，当然也有部分消费者还挣扎在能不能吃的疑虑和健康担忧中。

在 2022 年 1 月 29 日，国家市场监管总局、国家卫生健康委、海关总署联合印发了《关于依法查处生产经营含金银箔粉食品违法行为的通知》，要求严厉打击生产经营含金银箔粉食品、虚假宣传金银箔粉可食用以及进口含金银箔粉食品等违法违规行为，坚决遏制“食金之风”。挺多

“不明真相消费者”就“扼腕叹息”了，高呼“此生还没吃过”“再也吃不到金箔网红食品了”……。殊不知，国家此举是既保住了你的钱袋子，又保住了你的好肚子。今天，就帮大家消除疑虑，教你学会做一个聪明理性的消费者。

1.“金银箔粉”是个啥?

所谓金银箔粉，即金(银)箔、金(银)粉类物质，其实就是金属金、金属银经过一定物理手段被加工延展成极薄的片状或粉状。金箔比蝉翼还要薄的多，一般而言，1 克金就可以制成约 0.5 平方米金箔，基本上相当于一大块地板砖的大小。

2. 金银箔粉能不能在食品中使用?

在国外也许可以，但在国内不能。具体来说，FAO/WHO 食品添加剂联合专家委员会（JECFA）经评估，认为金箔可以作为食品添加剂，用途为色素。欧洲议会和理事会条例规定，欧盟允许金（E175, Gold）、银（E1741,Silver）作为色素用于糖果、巧克力的涂层等，可按生产需要适量使用。但根据我国食品安全法律法规及食品安全标准规定，金银箔粉不是食品添加剂，更不是食品原料，不能用于食品生产经营。

3. 为什么在其他国家能用，我国却不允许使用呢?

首先，每个国家批不批准使用某种食品添加剂，需要结合各自的实际情况（包括人群膳食暴露情况等）来确定。我国批准使用的某些食品添加剂，在其他国家也不一定能用。

其次，一种物质能不能作为食品添加剂，要看本身安全性，也要看工艺必要性。在我国，金银箔粉就没有使用的必要。虽然食用金银箔粉后，不会产生化学反应，也不会在体内堆积，更不会被人体吸收，而是会原封不动地排泄离开人体，很难对人体健康造成影响，但如果大量食用无法消化的物质，就存在一定的健康风险。此外，有一些伪劣金银箔粉并非纯金银加工，可能含有其他重金属或污染物，如果食用会带来更多健康隐患。

另外，从营养学角度来说，金银并不是人体必需的营养素，无任何营养价值，甚至没有味道，食品中使用金银箔粉，实无必要。人生在世，身体健康才是最硬的道理。

4. 金银箔粉成本高吗?

明确告诉大家，参考国外的食品，其中金银箔粉的使用量很小，所以实际成本不会高。但因为利益驱动，加之消费者掌握的信息不对等，这些食品的实际售价可能会很高，导致消费者交了不少智商税。所以咱们消费者要擦亮眼睛，没有必要花这个冤枉钱，也不会显得多有面儿。呼吁大家要坚决抵制“金箔银粉”食品！

当发现金银箔粉用于食品生产经营时，别犹豫，请立即向市场监管部门举报！

你“慧”选食品包装材料吗？

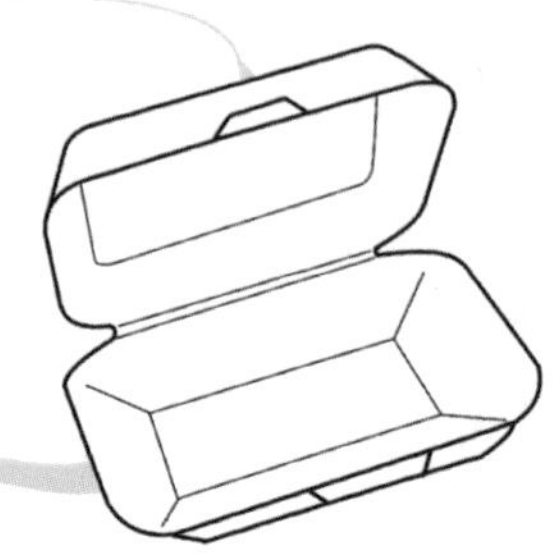

生活中人们常常对食品本身的安全非常重视，却忽视了它们“密切接触者”的安全。很多日常生活中我们容易忽视的细节，都会导致食品被“密接”污染。

事实上，食品的内外包装对食品安全非常重要。所有可能与食品接触的塑料、金属、玻璃、纸、橡胶等材料、制品，甚至可能直接或间接接触食品的油墨、润滑油等，都可能影响食品安全，必须要符合我国食品接触材料及制品相关的法律法规和标准。

比如保鲜膜、打包盒等塑料制品，材质不同，它们的适用范围和使用方法可能会有很大差别。如 PVC 材质（塑料编号为 3）的保鲜膜或塑

料盒，适合盛装常温或低温、脂肪含量低的食物。但如果对其进行加热，比如放在微波炉中，或者蒸煮，则会溶出有害物质，带来健康风险。

所以，生活中我们应当养成查看塑料产品标志说明的习惯，尽量选择“食品级”产品，避免用不耐高温的塑料制品盛装滚烫或油脂含量高的食物，在塑料发生变形、变色或浑浊时及时更换。若要微波加热，一定要认准“微波适用”、PP 材质等标识。

总之，大家要关注食品“密接”，保证舌尖上的安全。

参考文献

1. 中华人民共和国食品安全法［M］. 北京：民主与建设出版社，2015. 6.
2. 中华人民共和国卫生部. 食品安全国家标准 预包装食品标签通则：GB 7718-2011［S］. 北京：中国标准出版社，2011.
3. 中华人民共和国卫生部. 食品安全国家标准 预包装食品营养标签通则：GB 28050-2011［S］. 北京：中国标准出版社，2011.
4. 中华人民共和国国家卫生和计划生育委员会. 食品安全国家标准 食品添加剂使用标准：GB 2760-2014［S］. 北京：中国标准出版社，2014.
5. 中华人民共和国国家卫生和计划生育委员会. 食品安全国家标准 特殊医学用途配方食品通则：GB 29922-2013［S］. 北京：中国标准出版社，2013.
6. 中华人民共和国国家卫生健康委员会. 食品安全国家标准 婴儿配方食品：GB 10765-2021［S］. 北京：中国标准出版社，2021.
7. 中华人民共和国国家卫生健康委员会. 食品安全国家标准 较大婴儿配方食品：GB 10766-2021［S］. 北京：中国标准出版社，2021.
8. 中华人民共和国国家卫生健康委员会. 食品安全国家标准 幼儿配方食品：GB 10767-2021［S］. 北京：中国标准出版社，2021.
9. 中华人民共和国卫生部. 食品安全国家标准 特殊医学用途婴儿配方食品通则：GB 25596-2010［S］. 北京：中国标准出版社，2010.
10. 中华人民共和国卫生部. 食品安全国家标准 发酵乳：GB 19302-2010［S］. 北京：中国标准出版社，2010.
11. 中国营养学会. 中国居民膳食营养指南（2022）［M］. 北京：人民卫生出版社，2022.

12. 中国营养学会. 中国居民膳食营养素参考摄入量［M］. 2013 版. 北京：科学出版社，2014.

13. 中华人民共和国农业农村部. 中华人民共和国农业农村部公告第 250 号［EB/OL］.（2020-04-14）［2022-09-19］. http://www.moa.gov.cn/nybgb/2020/202002/202004/t20200414_6341556.htm.

14. 中华人民共和国国家卫生和计划生育委员会. 食品安全国家标准 食品中真菌毒素限量：GB 2761-2017［S］. 北京：中国标准出版社，2017.

15. Haijiao Li, Hongshun Zhang, Yizhe Zhang, et al. Mushroom Poisoning Outbreaks — China, 2019［J］. China CDC Weekly, 2020，2（2）：19-24.

16. Loomis D, Guyton K Z, Grosse Y, et al. Carcinogenicity of drinking coffee, mate, and very hot beverages［J］. Lancet Oncology, 2016，17（7）：877.

17. 中华人民共和国国家卫生和计划生育委员会. 学龄儿童青少年超重与肥胖筛查：WS/T 586-2018［EB/OL］.（2018-03-30）［2022-09-19］. http://www.nhc.gov.cn/ewebeditor/uploadfile/2018/03/20180330094031236.pdf.

18. 世界卫生组织. 指南：成人和儿童糖摄入量［EB/OL］.（2015-03-04）［2022-09-19］. https://apps.who.int/iris/bitstream/handle/10665/155735/WHO_NMH_NHD_15.2_chi.pdf?sequence=4&isAllowed=y.

19. 杨月欣，王光亚，潘兴昌. 中国食物成分表［M］. 2004 版. 北京：北京大学医学出版社，2005.

20. 杨月欣，王光亚，潘兴昌. 中国食物成分表［M］. 第 1 册 2 版. 北京：北京大学医学出版社，2009.

21. 杨月欣. 中国食物成分表标准版［M］. 第六版 第二册. 北京：北京大学医学出版社，2019.

22. 国家卫生健康委疾病预防控制局. 中国居民营养与慢性病状况报告. 2020 年

[M]. 北京：人民卫生出版社，2021.

23. 国家质量技术监督局. 中华人民共和国国家标准 酿造酱油：GB 18186-2000 [S]. 北京：中国标准出版社，2010.

24. 教育部，国家市场监督管理总局，国家卫生健康委员会. 学校食品安全与营养健康管理规定. [EB/OL]. (2019-03-11) [2022-09-19]. http://www. moe. gov. cn/srcsite/A02/s5911/moe_621/201903/t20190311_372925. html.

25. 中华人民共和国国家卫生和计划生育委员会. 中国居民膳食营养素参考摄入量标准 第 3 部分：微量元素：WS/T 578. 3-2017 [EB/OL]. (2017-10-17) [2022-09-19]. http://www.nhc.gov.cn/ewebeditor/uploadfile/2017/10/20171017153105952.pdf.